成品

3ds Max/After Effects
影视广告设计 技术入门与项目实践

赵婷 李烨 王志新 编著

U0336651

清华大学出版社

北京

内 容 简 介

本书采用讲解技术理论和具体实例相结合的方式，结合作者多年丰富的制作经验和技术理论，详细讲述 After Effects CC 2017 和 3ds Max 2017 在影视广告制作中的重要工具和典型特效。

全书共分 10 章，第 1 ~ 4 章主要讲解了重要技术理论和常用工具，穿插了不同的实例，重点讲解了广告创作流程、前期拍摄要点、镜头组接、实用剪辑技术、常用校色方法、高效抠像工具、运动跟踪、粒子特效、三维材质、灯光布置、镜头特效、流体工具等影视广告制作的必备利器。第 5 ~ 10 章包括 6 个不同类型、不同制作手段的广告实例，从最初的创意思路开始，分析制作工具和技术难点，然后逐步讲解制作过程。

本书内容丰富，讲解清晰，既可以作为从事三维动画设计、影视广告设计和影视后期制作的广大从业人员必备的工具书，又可以作为高等院校相关专业教材和影视后期制作培训班的首选教材。

图书在版编目 (CIP) 数据

成品——3ds Max/After Effects 影视广告设计技术入门与项目实践 / 赵婷，李烨，王志新 编著 . —北京：清华大学出版社，2018

ISBN 978-7-302-50002-5

Ⅰ .①成… Ⅱ .①赵… ②李… ③王… Ⅲ .①三维动画软件 ②图像处理软件 Ⅳ .① TP391.414 ② TP391.413

中国版本图书馆 CIP 数据核字 (2018) 第 076799 号

责任编辑：李　磊
装帧设计：王　晨
责任校对：孔祥峰
责任印制：董　瑾

出版发行：清华大学出版社
　　　　　网　　址：http://www.tup.com.cn，http://www.wqbook.com
　　　　　地　　址：北京清华大学学研大厦A座　　　　　邮　　编：100084
　　　　　社 总 机：010-62770175　　　　　　　　　　邮　　购：010-62786544
　　　　　投稿与读者服务：010-62776969，c-service@tup.tsinghua.edu.cn
　　　　　质 量 反 馈：010-62772015，zhiliang@tup.tsinghua.edu.cn
印 装 者：三河市春园印刷有限公司
经　　销：全国新华书店
开　　本：185mm×260mm　　　印　　张：17.75　　　字　　数：501千字
版　　次：2018年6月第1版　　　印　　次：2018年6月第1次印刷
印　　数：1～3000
定　　价：79.80元

产品编号：079238-01

前言

随着网络技术和新媒体的发展，影视广告不单单局限于在电视上播放，网络媒体、手机终端等都可以播放视频广告。正因为如此，影视广告制作的需求越来越广、工作量也越来越大。无论是广告相关专业的在校学生，还是刚刚在工作岗位上施展拳脚的相关从业者，都需要掌握并能熟练运用几个适合自己的软件工具，以更好地实现自己的创意和设计理念。

After Effects 和 3ds Max 是常用的影视广告制作工具，让读者掌握其基本知识，了解其常用插件，巧妙地组合运用这些工具，使其成为艺术表现的手段，这是作者总结多年经验编写这本书的初衷，希望通过书中不同类型广告实例的讲解，帮助读者开阔思路，从而应用最基本的工具来完成项目的要求。

本书从整个影视广告的制作流程开始，不仅讲述了广告的前期创作和前期拍摄应该注意的问题和技术要点，还讲解了常用的镜头组接规则，并由一个完全素材剪辑而成的广告来帮助读者理解镜头与节奏、色彩与情绪的关系。

在本书中将影视广告制作中后期阶段必备的技巧做了全面讲解，例如校色、抠像、运动跟踪、粒子特效等，而且是针对不同的工具分别讲解，通过对比让读者掌握如何区别对待不同的素材，如何选择不同的工具。

在本书的三维特效部分主要讲解的是材质、灯光、摄像机特效、粒子、流体等，既有理论方面的指导，也有具体实例的演示，在有限的篇幅中尽量囊括典型的实用技巧。

本书的重点是综合实战部分，详细讲解了 6 个不同类型、不同作品风格、不同制作手法的广告实例，既有商业广告，也有企业形象推广片，还有电视栏目包装等。每一个实例的讲解不单是技术说明，而是探讨创作的思想，分析制作难点技术，使读者不仅能学习制作技巧，还能掌握技术的理论和创作的流程，这样能够启发读者的想象力，将设计理念融会其中，扩展思路，使应用软件成为影视制作强有力的工具。

在本书的编写过程中得到了河北传媒学院艺术设计学院多位领导的关怀和同事的鼎力支持，一并参与编写的还有邵辉、高原、张勇正、朱虹、王妍、赵新伟、彭聪、宋盘华、赵昆、薛玉静、杨柳、梁磊、李英杰、朱鹏、张峰、苗鹏、范欢、李占方、赵建、吴月、路倩、包尔丹、师晶晶、胡爽、周炜、王淑军和华冰等，在此对他们的热情和辛劳表示感谢。

由于作者水平所限，书中疏漏和不足之处在所难免，恳请读者和专家批评指正，也希望能够与读者建立长期的交流学习的互动关系，技术方面的问题可以及时与我们联系。我们的服务邮箱是 wkservice@vip.163.com，电话是 010-62784710。

本书提供了丰富的配套资源，以帮助用户更好地学习使用 3ds Max 和 After Effects 进行影视广告设计。"实例效果"提供了本书实例的最终效果文件。"课件"提供了本书内容的 PPT 教学课件。"工程文件 1"和"工程文件 2"提供了本书实例制作时所用到的工程文件。"教学视频 1"至"教学视频 6"提供了本书实例的视频教学文件。用户只要扫描下列二维码，将内容推送到自己的邮箱中，然后进行下载即可获取。

实例效果　　　　课件　　　　工程文件 1　　　　工程文件 2

教学视频 1　　　教学视频 2　　　教学视频 3　　　教学视频 4

教学视频 5　　　教学视频 6

编　者

目 录

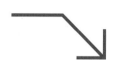

CONTENTS

第1章

影视广告概述

我们每天自觉或不自觉地被影视广告围绕着，生活变得丰富多彩、轻松自如，也充满了对生活的激情和向往。

每当提及"广告"一词，人们首先想到的是每天在电视里插播的电视广告。所谓广告，就是为了某种商品或者某种社会需要，通过一定形式的媒体，而向公众广泛宣传的一种手段。广告的基本形式有两种，包括不以盈利为目的的广告（例如公益广告）和以盈利为目的的广告（例如商业广告）。

1.1 影视广告的特点

影视广告被广泛用于企业形象宣传、产品推广等，具有广泛、深入的社会接受度。企业形象专题片或产品推广专题片有着信息量大的特点；影视专题片是一种直接、主动、精确、有效的企业形象宣传、产品介绍与推广的形式；企业形象广告能将企业理念、视觉效果结合在一起，通过声画结合，使企业传递给公众良好的社会形象，如图1-1所示。

图 1-1

影视广告是宣传力度较强、宣传面广泛的广告传播方法。影视广告能使观众自由地发挥对商品形象的自我想象，也能具体而准确地传达吸引顾客的目的。传播的信息易使人们达成共识，并得到强化、暗示，接受度较高。

影视广告具有以下特点。

▶ 广泛面向大众，覆盖面积大，时效长。

▶ 视听结合表现力最强，具有较强的冲击力和极大的感染力。

▶ 能更直接、更广泛地传递信息，具有强制性。

▶ 能在较短时间内与大众建立感情，增加产品的亲和力、诚信度。

▶ 贴近生活、眼见为实、促进消费。

▶ 能够感性地塑造品牌形象，赋予产品情感、文化、品位等特征。

▶ 快速推广产品，迅速提升企业知名度。

▶ 带有一定的强制性，因而穿透力强，效率高。

早期曾在 CCTV-1/2 套播放过一条 30 秒的公益广告，名为《广而告之》，这是中国第一个电视公益广告栏目，在长达 30 秒的公益主题中，关注社会热点，展现企业文化，歌颂道德风尚，配合政府宣传；片尾 5 秒定版，完美诠释《广而告之》的价值及精髓。因此人们也开始熟记这个词语"广而告之"。所谓的"广而告之"，简单地说，就是让大众都知道，就是最广泛地传播其中的信息；或者说向大众通知一件事情，告诉大众遵守某些规则。如图 1-2 所示为一条主题为"适量登楼梯"的公益广告。

随着时代的进步和科技的快速发展，今日的"广而告之"这个词语并不能很准确地诠释广告一词，广告已经发展成为一个涉及很多方面的专业，并且逐渐成为一门快速发展的综合性独立学科。

国外的影视广告较喜欢用代表高科技、新事物的现代图形符号，重理性、好抽象。广告字体也多为清晰易辨的印刷体或形式多样的装饰体，通过字体的大胆组接、拆分、重叠等构成设计手法很好地表现各类信息，也采用三维立体文字以与影视广告的三维空间相一致。在色彩搭配上，重视客观地反映产品，色调多以优雅的高级灰色和无色烘托气氛，颜色比较简洁统一，这样就不会给人以喧宾夺主的感觉。

我国影视广告发展起步晚、起点低。萌芽期的广告，也就是想推销某种产品或服务，并没有想过如何表现企业形象，以及为消费者带来长远的利益。

图 1-2

在具有中国特色的社会主义市场经济的环境背景下，我国的影视广告也逐渐被推上了一个新的舞台，这是我国影视广告发展的前提，也是我国文化市场健康发展的必然条件。1979 年 1 月 28 日第一条国内制作的影视广告在上海电视台播出了，名为《参桂补酒》。我国的影视广告便从此步入了发展期，成为"改革、开放"的象征之一。

影视广告作为一种承载文化的媒体，在宣传商品、追求经济效益的同时也承担了一定的社会责任。所谓先做人，后做事！这种理念已经成为当代商界示范性和导向性的独特文化特征。例如国内一直火爆的某药厂做的一系列的公益广告，注重的就是企业形象和社会责任，几乎全国人民都知道了该企业，之后打出了自己的商品广告，起到了很好的社会和企业效应，并且快速地得到了消费者的认可，如图 1-3 所示。

图 1-3

相对国外影视广告而言，我国影视广告是一种以前从未有过的新鲜事物，它的结构和功能随着社会的发展不断调整和变化，它的产生和发展是不可抗拒的。直至快速发展的 21 世纪，每当我们打开电视、电脑、手机，面对媒体日益密集和频繁的影视广告，不得不引起我们的深思，回顾这 30 多年以来社会的发展，综合国内外影视广告的发展进程，引来了各个行业的学者对其探讨和研究。目前，全球每年的电视机生产量就接近 2 亿台，我国广播电视综合人口覆盖率已达到九成，电视改变了人们的生活方式，创造了一个新的多元时代。

影视广告是由影视图像、音效音乐、广告发布信息、广告语等组成的，其科技和艺术含量以及广告信息的传播速度，是其他形式的广告都无法媲美的。影视广告的功能，是运用多元的视音语言准确、快速地把商品信息或企业品牌传达给消费者和观众，进而提高产品销售额，塑造企业品牌，增长企业经济实力，促进社会经济的发展。可以说社会的进步，最终成就了全球影视广告产业。

在影视广告中，电脑特效多种多样，包括自然特效，比如烟雾、云雾、雨雪、水火等自然现象的模拟，还有爆破特效，像爆炸、倒塌、撞击和损毁，以及可以模拟出千军万马的群体特效。特效范围很广，包括液体、火焰、烟雾、动力学模拟，大自然仿真场景、都市仿真场景、战争场面模拟，粒子以及光效特效等。这些效果离不开三维动画技术的支持，艺术与技术的完美结合成为现在影视广告的创意与制作主流，三维特效技术在其中的应用不言而喻。如图 1-4 所示为部分精彩的三维特效画面。

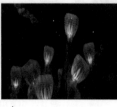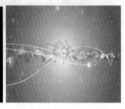

图 1-4

在影视广告作品中，三维特技手段让观众在短时间内能透彻、省力、准确地了解广告的信息，并以其自身的感染力打动观众，加快广告的传播速度。设备与技术的结合，能更好地使画面趋于精美、视觉愉悦，但是需要大量的时间、精力和资金的配合。它的完美程度，可以说是永无止境的。只有创意与技术实现完美结合的时候，才可以达到影视广告理想的视听效果。

随着社会的发展，多样的商品生产和流通，我们可以对广告按照不同的类型进行分类，比如按播放性质划分为电影广告和电视广告（节目、插播）；根据制作方式不同划分为胶片广告 (Commercial Film，即 C.F)、现场播出广告 (Live Show)、磁带录像广告 (TVC)、幻灯片广告 (Slide) 和字幕广告 (Supered Title)；也可以根据广告内容不同划分为商业广告 (Commercial Message) 和公益广告 (Pubic Service)；根据诉求方式不同划分为理性广告和感性广告；还可以根据广告生命周期划分为导入期广告、成长期广告和维护期广告等。影视广告的分类工作是为了适应广告策划的需要而产生的。只有合理而准确的分类，才能奠定广告策划的基础，才能为广告设计和制作提供依据，才能使整个广告活动正常运转，顺利实现广告意图并且取得最佳的广告收益。

1.2 影视广告设计与制作流程

在现代人类生活中，广告铺天盖地，众多商家都在绞尽脑汁地发出最响亮的声音，以吸引消费者的注意。对于一条广告而言，什么才是它最重要的东西？通常来讲，是广告创意。创意是一条广告的核心与灵魂。

1.2.1 影视广告创作原则

从最基本的信息传播理论来看，通过广告媒介发布的信息如果不能引起消费者的注意，便谈不上是一条有效的广告。只有让消费者有兴趣把广告看完，才能很好地将商品信息传递给消费者，并产生影响作用。所以一个好的创意是一条广告成功的一半。但引起消费者注意不是广告的最终目的。正如广告大师奥格威所言，"我们做广告是为了销售产品，否则就不是做广告"。所以，创作一条既能吸引消费者注意，又能促进商品销售的广告，必须把握广告创作的原则和要求。

早在 19 世纪末 20 世纪初，美国的 E.S 普易斯对广告创作提出了四项原则，再加上众多广告学者的进一步探索，最后将原则公式变成了 AIDMA，即 Attention(引起注意)、Interest(产生兴趣)、Desire(产生欲望)、Memory(产生记忆) 和 Action(促成行动)。后来，国际广告协会为优秀广告的创作也制定了五个条件，简称为 5P，即 Pleasure(愉悦)、Progress(创新、改革)、Problem(为消费者解决问题)、Promise(要有承诺) 和 Potential(要有潜在的推销力)。

此外，国际广告协会还提出了成功的广告必须具有的五个要素，即 Idea(明确的想法)、Immediate Impact(直接的感观现象)、Interest(生活的趣味)、Information(完整的信息) 和 Impulsion(强烈的推动力)。

综合以上内容我们发现，要创作一条有效的影视广告，必须符合以下原则。

1 冲击力要强

所谓的冲击力，就是通过某种强有力的艺术形式来吸引人们的高度关注。

影视广告是极为短暂的广告形式，一般为 30 秒或 15 秒，几秒钟的时间一闪而过，能否在广告开始的时候就抓住观众的眼球是广告成功的关键。从观众的角度来说，观众每天所接收到的信息量很大，尤其是在看电视的时候，如今在这个所有电视节目狂轰滥炸的年代，观众早已视觉疲劳了，而一条优秀的广告，虽然只有短短的几十秒，却能给观众眼前一亮的感觉。因此，如何引起观众的注意就是进行广告创作时我们要考虑的问题。毋庸置疑，冲击力是广告被人接受的基础。尤其在影视广告开始的前三秒钟，是吸引观众眼球的关键。如图 1-5 所示为部分具有视觉冲击力的画面。

图 1-5

2 创意要新奇

创意，即立意、构思、主题，它是影视广告的灵魂。选择一个好的创意，比面面俱到的长篇大论有用得多，因为观众都有"好奇心"，对新奇的事物，我们都有猎奇的心理，越是神秘莫测，越是让人神往。一般广告都有"约定俗成"的套路，例如空调广告，一般不是走家庭温馨路线，就是走科技路线，大家只要看个特写镜头，就知道是什么广告，久而久之，观众早就对这一套路所熟悉，也在这些套路中分不清楚是哪家产品了，所有空调广告都大同小异了。

好的影视广告要懂得"四两拨千斤"。例如一条酒的广告，在一片蔚蓝的大海深处，一群自由的鱼儿在海水中畅游，时而聚集，时而分散，然后它们朝着共同的方向游进，镜头推近，原来不是鱼，而是一群群的人！当靠近岸边时，一个年轻的小伙子从海水里站起来，脚踩在了地上……最后打出字幕："迈出你的第一步"，Keep walking(永远向前)，如图 1-6 所示。

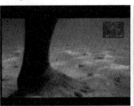

图 1-6

③ 兴趣感要浓

兴趣指兴致，是对事物喜好或关切的情绪，心理学上是指人们力求认识某种事物和从事某项活动的意识倾向。它表现为人们对某件事物、某项活动的选择性态度和积极的情绪反应。所以说，兴趣感要浓，是针对观众心理上的影响，大部分观众在观看影视节目的时候，是为了消除疲劳，寻找自己喜欢的节目，所以影视广告也要契合观众的收视习惯，从兴趣感出发，让观众感到轻松和有趣。

例如某服装的一条广告，开始是伴随着枪声，一段激烈追逐的戏码，我们习惯性地认为是一个女警察追逐男小偷的情节，只是在追逐的过程中分别给了服装部分的特写与定格，这个时候我们一定想这会是怎样的一条广告呢？在最后结尾告诉我们这个女警察追逐的并不是男小偷，而是男小偷身上的一件衣服。这条广告就是让观众关注出乎意料的一个有趣的结局，如图 1-7 所示。

图 1-7

④ 诉求要单一

任何一个产品都可以找出许多的好处和购买它的理由，但在影视广告中通常只能传播一个"致命一击"的信息。一方面，在传播信息的过程中，诉求越多，杂音越多，信息衰减和模糊程度就越大；另一方面，影视广告的传播都是以秒为单位来计算，短时间内是不能将一个问题说得很清楚的，还要让人记住已经很不容易了。所以，好的影视广告所含信息量可以很大，但是诉求点一定要单一。

例如某咖啡广告，短短 20 秒内反复地出现咖啡的镜头，不断地刺激观众的视觉神经，一对情侣配上一幅美丽的风景，在这样的风景中出现最多的就是一杯香醇美味的咖啡，不管是在湖边，还是在凉台上，这对情侣始终手中握着咖啡，这样让观众记得最深的就是有广告本身的诉求点——咖啡，如图 1-8 所示。

图 1-8

⑤ 感染力要深

广告的感染力，是加深接受对象认可程度和唤起行动的能力。这是影视广告综合性和长远性传播的集中体现。

例如某银行拍的系列广告"不平凡的平凡人"系列的第一条，叫作《母亲的勇气》。这个广告脚本来自于一个真实的故事：一位中国台湾地区的母亲（蔡莺妹）首次远离家乡到陌生的国度，一句英语与西班牙语都不会说，只希望能为在委内瑞拉刚生产完的女儿烹煮鸡汤。她不仅独自搭乘飞机三天，飞过三个国家，经过三万两千公里，甚至还经过多次转机，展现了坚韧、勇敢的精神，以及伟大的母爱，这也正是典型的平凡大众的不平凡写照。该广告被评为中国台湾地区 2010 年最感人的广告，如图 1-9 所示。

图 1-9

1.2.2　影视广告的策划

制作广告就像所有的工作开始的步骤一样，也需要有一个总的开端。我们花费很大的精力去制作一个 5 秒钟的广告，短暂的时间更要求我们将所有准备工作做得充足到位，才能保证项目的最终品质。通常情况下，很多影视广告执行拍摄和后期制作的时间远远没有前期策划的时间长。那么影视广告策划，我们要策划什么？策划的前提是你要有一个想法，并且还要把你的想法表达出来，写出来，画出来，并且还得让人们看得明白，看得懂。

影视广告一般分为三个阶段：前期策划、中期筹备和后期制作，流程如图 1-10 所示。

影视广告策划书就是对广告的整体战略与策略的运筹规划，广告策划对于提出广告决策、广告计划、实施广告决策、检验广告决策全过程做预先的考虑与设想。电视广告策划书不是具体的广告业务，而是广告决策的形成过程。

影视广告策划涉及多方面的信息资料，内容庞大而复杂。如何将这些信息以容易表达的方式表达出来，而且使其在内容形式上具有一定的吸引力，这就需要运用影视广告策划书的一些写作技巧。

```
前期策划
  ├ 创　意
  ├ 广告文案
  └ 制作故事板

中期筹备
  ├ 拍摄团队的确定
  ├ 召开摄制前会议
  └ 拍摄前准备工作

后期制作
  ├ 上载素材
  ├ 后期剪辑字幕音乐后期合成
  └ 下载成片
```

图 1-10

1　信息组织技巧

从影视广告前期的调查分析到最后策划书的写作，都涉及信息的组织和运用，而且影视广告策略的核心又是把信息传递给潜在客户，因此信息在影视广告策划中尤为重要。在信息组织上，首先应该对要在策划文本中传递的信息有总体的把握，并对不同的信息有所归类，这样就使信息具有了一定的条理性；其次要在众多的信息中区分主次，将重点信息突出传达；最后还要明确信息的层次和信息之间的相互联系，使信息传达层次分明。

2　文字表述技巧

▶　明确的标题。在策划书中每一部分设计的内容都不同，各个部分应该根据内容制作明确的标题。标题要显示层次性，而且提出重点内容。

▶　短小的段落。在策划书中大段落的文字不仅会淹没主要观点，而且很难吸引人阅读，因此要使用较短小的段落，并且每一个段落只传达一个重点信息或策划结论。

▶　明确的序号。注意用序号来标示段落层次，不但可以使信息脉络清晰，而且可以给读者以明确的阅读提示。

▶　语言尽量大众化，避免过多地使用专业术语。如果策划者和影视广告主对它们有一致的理解，而且专业术语不会发生误解或理解困难的情况下可以使用。

③ 接近读者技巧

策划人员在知识、经验、专业领域以及思维方式上与说服对象存在着很大差异，因此要了解接受者的情况，包括人数、地位、年龄、理解能力，其中接受者的理解能力最为重要。在撰写影视广告策划书时，应该根据接受者的不同特点，对写作方式加以调整。

④ 形式配合技巧

影视广告策划书中的一些形式性因素可以吸引读者的注意力和兴趣。例如，将数据以视觉化图表的方式表达，可以使策划书富于变化，容易吸引读者的注意力；通过标题字体和表述中结论字体的变化，有利于突出重点，增强形式的灵活性。一般来说，字体的大小应该根据内容的重要程度而有所区别；版面的布局应该按照视线移动的规律来进行，而且要注重版面的平衡匀称等基本美学特征；策划文本的装订有多种选择，但应以容易翻阅、不遮挡版面为首要原则。除此之外还要注意，策划书在写作上应当采取归纳的方法，不要过多的演绎推论，避免冗长；要说明资料的来源，以表明推断有所根据而非凭空想象，增强说服力和可信度。如图 1-11 所示为中央电视台的企业形象宣传片。

图 1-11

1.2.3 影视广告的分类

一般把影视广告大体分为拍摄类、动画类和合成类，下面分别介绍一下。

① 拍摄类

1) 胶片广告 (CF)

胶片广告，指的是在广告前期拍摄中使用胶片拍摄影像的广告。

一般来说，胶片的画面效果在画质、色彩饱和度、透视度等多个方面都要优于磁带，当然成本也高于磁带，这主要是因为胶片拍摄曝光之后，不可以重复使用，而磁带是可以重复录制的；胶片拍摄完后，在进行剪辑时，要经过冲洗、胶转磁等环节，而磁带拍摄不需要经过这些环节，可以直接进行剪辑，因此胶片广告的制作周期也要长于磁带。

当拍摄一支既直接又简单的广告片时，数字摄像是一个很好的选择，可以随时查看不适合的镜头，更可以把不适合的镜头直接抹掉，再重复拍摄；因为素材存储在记忆卡中不仅省去了素材采集和转码的过程，可以直接复制到后期编辑设备中进行存储和管理，然后就可以进行编辑和特效加工。当广告片想要一种即时性或者新闻采访性风格时，数字拍摄更为便利，只要摄像机选择合适的参数预置，不用花费过多时间进行色彩模式的尝试，由于机身的便携性和灵活性，更能突显即时性或者新闻采访性，使广告令人信服，也具有良好的效果。

但是如果你对广告片的画质、色彩等有要求，那么最好采用胶片拍摄，唯有胶片可以捕捉到光影的色调变化以及色彩、色度的微妙差异。例如要拍摄食物的镜头，唯有胶片才能表现出一幅幅让人垂涎欲滴的食物画面；还有要制作产品特写或者以产品为主的镜头，唯有胶片才能表现细部的画面，以及还原产品包装的色彩，因为磁带拍摄的画面会过于冷峻。另外，胶片拍摄的画面，物体和场景也更有真实感和立体感。也正因为胶片有这些优点，目前国内越来越多的广告主选择用胶片拍摄广告。如图 1-12 所示为某品牌手表广告。

图 1-12

2) 数字标清广告

标清电视 (SDTV)，顾名思义，就是"标准清晰度的电视信号"。

成熟的电视技术，从 20 世纪 40 年代的黑白电视开始，已经发展为 768×576/PAL 制式 (720×480/NTSC 制式) 的分辨率，相当于 38~41 万像素左右。

目前，世界上包括美国、日本在内的绝大多数国家，仍然普遍采用标清格式进行采编、播出。家庭中绝大多数的电视也都是标清格式。通常所说的 DVD，也是标清格式。

3) 数字高清广告

高清电视 (HDTV) 是针对标清而言的。早在 20 世纪 90 年代初期，日本就提出了 1440×720×60 逐行的高清格式，并率先进入试验阶段。此后，欧美一些国家相继提出了 1280×720、1440×1080、1920×1080 的高清格式。再加上原有的 NTSC 制与 PAL 制、60 场与 50 场、逐行与隔行，高清的格式始终没有统一。

直到 2006 年，高清格式最终统一下来：1920×1080 成为高清视频的统一格式，画面也由原来的 4：3，变为更加符合我们视觉习惯的 16：9。高清电视的分辨率可以达到 200 万像素，每帧的信息量是标清图像的 5 倍。

这个技术指标足以与原先高端领域的 35mm 电影胶片相媲美，加上后期技术的逐步成熟，高清格式在前期拍摄、后期剪辑等各方面拥有胶片无法企及的优势，许多高端电视广告以及国外部分数字电影，都纷纷采用高清摄像机来实现。如图 1-13 所示为某药品广告。

图 1-13

2 动画类广告 (2D、3D)

1) 二维动画

二维动画是平面上的画面，通过纸张、照片或计算机屏幕显示，无论画面的立体感有多强，终究只是在二维空间上模拟真实的三维空间效果。

二维动画的特点：传统的二维动画是由水彩颜料画到赛璐璐片上，再由摄像机逐张拍摄记录而连贯起来的画面。随着计算机时代的来临，让二维动画得以升华，可将事先手工制作的原动画逐帧输入计算机，由计算机帮助完成绘制和上色的工作，并且由计算机控制完成记录工作。

2) 3D 动画广告

3D 动画也叫三维动画。三维动画是近年来随着计算机软硬件技术的发展而产生的一种新兴技术。三维动画软件在计算机中首先建立一个虚拟的世界。设计师在这个虚拟的三维世界中按照要表现对象的形状尺寸建立模型及场景，再根据要求设定模型的运动轨迹、虚拟摄像机的运动和其他动画参数，最后按要求为模型赋予特定材质，并打上灯光。当这一切完成后就可以让计算机自动运算，生成最后的画面。如图 1-14 所示为某品牌电视机广告。

图 1-14

在影视广告制作方面，这项新技术能够给人耳目一新的感觉，因此受到了众多客户的欢迎。三维动画可以用于广告和电影电视剧的特效制作（如爆炸、烟雾、下雨、光效等）、特技（撞车、变形、虚幻场景或角色等）、广告产品展示、片头飞字等。

❸ 合成类

除了上面介绍的两种方式之外，现在的广告制作要求越来越高，创意也越来越新奇，所以人们开始将拍摄与合成相结合，甚至将实拍与动画合成在一起，从而制作更加完美的效果。

1.2.4 常用的影视广告制作技术

❶ 实景拍摄型

实景拍摄型电视广告是在广告创意稿形成之后，由广告创作人员根据创意所表达的内容，由广告片导演调度真人进行表演，并由摄像机记录下表演过程，经后期剪辑处理、配音、配乐而形成的电视广告。

实景拍摄型电视广告又存在着两种类型：故事情节型电视广告和主题型电视广告。

1) 故事情节型电视广告

指广告内容或广告所要阐述的概念，是通过一个故事情节来展现的，广告画面叙事完整，是一则类似小品的生活片段，是一个完整的故事情节。

2) 主题型电视广告

主题型电视广告由许多相对独立的画面组成，画面与画面之间表达的主题统一，但前后没有故事情节的逻辑联系，即广告中闪现的画面不是发生在一个有顺序感的故事中，而只是为表达一个共同的主题而被拼接、编辑在一块的。如图 1-15 所示为百事可乐的冰雕篇广告。

图 1-15

❷ 电脑创作型

电脑创作型电视广告是指在电视广告创意文稿或广告创意故事板形成后，由制作人员运用电脑软件的图画音乐表现功能，将创意人员的想法用音画表现出来的电视广告制作方法。这种类型的广告一般表现一些较为抽象且不易由摄像机拍摄出来的画面。

由于目前 IT 行业的迅速发展，电脑拥有强大的物体造型建模能力和材质渲染能力，运用电脑制作电视广告的做法日益兴盛，并开创了一种新型的电视广告表现方向。

电脑创作型电视广告按其画面造型的建模维度不同，可分为三维动画型电视广告和二维动画型电视广告。如图 1-16 所示为某品牌矿泉水广告。

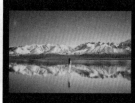

图 1-16

3 素材编辑型

素材编辑型电视广告是由素材编辑而成的。素材是指广告经营者通过购买或无目的拍摄制作而拥有的音画样品。如果通过编辑这些购买来的或无目的制作的音画样品，可以明确表达创意人员的创意构图，也可能形成优秀的电视广告作品。

广告素材编辑是指广告制作人员运用后期制作设备有效地合成各种素材来表达广告创意。如图 1-17 所示为某品牌户外用品广告。

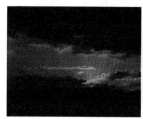

图 1-17

1.2.5 影视广告制作流程

在了解影视广告的制作技术后，下面再来了解影视广告的制作流程，大体可分为拍摄前期准备、正式拍摄、后期制作三个阶段。

1 拍摄前期准备

拍摄一部广告片相当复杂，需要方方面面的专业人员协作完成。因此，拍摄前的准备便显得尤为重要。拍摄前的准备工作往往会影响拍摄效果。

1) 影视广告制作的人员构成

根据我国广告业的实际情况，广告制作人员一般包括广告创意负责人、广告制片人、影视广告导演、摄影师、灯光师、美工师、作曲、音乐编辑、模特、演员、化妆师和配音演员。

2) 拍摄前准备

在制作准备会上，制作公司就广告影片拍摄中的各个细节向客户及广告公司呈报，并说明理由。通常制作公司会提报制作脚本、导演阐述、灯光影调、音乐样本、布景方案、演员试镜、演员造型、道具、服装等有关广告片拍摄的所有细节部分供客户和广告公司选择，最终一一确认，作为之后拍片的基础依据。

3) 拍摄前最后准备

在进入正式拍摄之前，制作公司的制片人员对最终制作准备会上确定的各个细节进行最后的确认和检查，以杜绝因细节问题导致在拍片现场发生状况，确保广告片的拍摄完全按照计划顺利执行。其中尤其需要注意的是场地、布景、演员、特殊镜头等方面。

另外，在正式拍片之前，制作公司会向包括客户、广告公司、摄制组相关人员在内的各个方面，以书面形式的"拍摄通告"告知拍摄地点、时间、摄制组人员、联络方式等。

如图 1-18 所示为模拟开会商讨的情形。

② 拍摄

按照最终制作准备会的决议,拍摄工作在安排好的时间、地点由摄制组按照拍摄脚本进行拍摄工作。为了对客户和创意负责,除了摄制组之外,通常制作公司的制片人员会联络客户和广告公司的客户代表、有关创作人员等参加拍摄。

图 1-18

根据经验和作业习惯,为了提高工作效率,保证表演质量,镜头的拍摄顺序有时并非按照拍摄脚本的镜头顺序进行,而是会将机位、景深相同相近的镜头一起拍摄。另外儿童、动物等拍摄难度较高的镜头通常会最先拍摄,而静物、特写及产品镜头通常会安排在最后拍摄。为确保拍摄的镜头足够用于剪辑,每个镜头都会拍摄不止一遍,而导演也可能会多拍一些脚本中没有的镜头。

③ 后期制作

后期制作的程序一般为冲片、胶转磁、剪辑、数码制作、作曲(或选曲)、配音、合成。当然录像带便没有胶片冲洗和胶转磁的过程了。

剪辑,现在的剪辑工作一般都是在电脑中完成的,因此拍摄素材在经过转磁以后,要先输入到电脑中,导演和剪辑师才能开始剪辑。在剪辑阶段,导演会将拍摄素材按照脚本的顺序拼接起来,剪辑成一个没有视觉特效、没有配音和音乐的版本。然后将特技部分的工作合成到广告片中去,广告片画面部分的工作到此完成。如图 1-19 所示为后期剪辑室。

图 1-19

数码制作,是指用工作站制作一些二维、三维特技效果,可达到出神入化的地步,对加强广告中的整体效果起到了非常关键的作用。

作曲或选曲,广告片的音乐可以作曲或选曲。这两者的区别是:如果作曲,广告片将拥有独一无二的音乐,而且音乐能和画面有完美的结合,但会比较贵;如果选曲,在成本方面会比较经济,但别的广告片也可能会用到这个音乐。

配音合成，是指音效剪辑师将配音演员的配音及背景音乐的音量调整至适合的位置，与画面合成在一起。

交片，是指将经过广告主认可的完成片，以合同约定的形式按时交到广告主手中。

1.2.6　影视广告制作常用软件工具

1　Photoshop

这款美国 Adobe 公司的软件一直是图像处理领域的巨无霸，在出版印刷、广告设计、美术创意、图像编辑等领域获得了极为普遍的应用。该软件包含了图像编辑、图像合成、校色调色及功能特效等功能。尤其是图像编辑中的克隆、去除斑点、修补、修饰图像等广泛应用于广告素材的处理工作，而图像合成和绘图工具更是让外来图像与创意很好地融合，校色和特效主要通过滤镜、通道及工具综合应用完成，能够实现包括图像的特效创意和美术效果的制作，如油画、浮雕、石膏画、素描效果等都可由该软件特效完成。如图 1-20 所示为该软件的启动界面和工作界面。

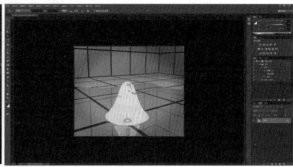

图 1-20

2　After Effects

After Effects 是 Adobe 公司推出的一款图形视频处理软件，属于层类型后期软件，适用于从事设计和视频特技的机构，包括电视台、动画制作公司、个人后期制作工作室以及多媒体工作室。而在新兴的用户群（如网页设计师和图形设计师）中，也开始有越来越多的人在使用 After Effects。

After Effects 软件可以帮助用户高效且精确地创建无数种引人注目的动态图形和震撼人心的视觉效果。利用其无与伦比的紧密集成和高度灵活的 2D 和 3D 合成，以及数百种预设的效果和动画，可为电影、视频、DVD 和 Flash 作品增添令人耳目一新的效果。如图 1-21 所示为该软件界面。

图 1-21

3 Fusion Studio

　　Fusion Studio 是 Blackmagic Design 公司推出的一款集顶尖动态图形和高端视觉特效合成于一身的强大软件，在好莱坞数以千计的影视作品都是由它完成，例如为《沉睡魔咒》《明日边缘》《罪恶之城2》《超凡蜘蛛侠2》《美国队长》以及《地心引力》等著名电影完成了特效制作。最新版本 Fusion Studio 9 除了其先进的合成工具之外，还包含了全面的绘图、动态遮罩、抠像、图层叠加以及字幕工具等，并结合了高效能的粒子生成系统。所有元素均可相互合成，并通过 Fusion 的 GPU 加速渲染引擎快速输出。它有着一整套创意工具，可在其3D 系统中创建物体和场景元素，这套强大的系统能处理数百万 Polygon 多边形，可实现无比复杂的立体建模成型。如图 1-22 所示为该软件界面。

图 1-22

4 Nuke

　　Nuke 是由 The Foundry 公司研发的一款数码节点式合成软件，它已经包含了完善的 3D 系统，集合成与摄像机跟踪反求于一体，跟踪反求出来的摄像机数据还可以输出给所有支持 FBX 格式文件的软件使用，支持 Qt 和 Python 等脚本语言，并且已经成为一整套完整的立体电影制作工具。

　　目前最新版本 Nuke X11 包含 Furnace 插件、3D 摄像机追踪和镜头畸变工具，其完美的 Roto 遮罩和绘图工具，整合的动画和追踪功能，多通道、高动态范围合成，无与伦比的渲染引擎，完整的抠像解决方案，灵活的图形用户界面都为艺术家提供了更大的灵活性。如图 1-23 所示为该软件界面。

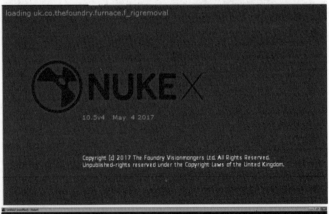

图 1-23

5 Premiere

　　Premiere 是由 Adobe 公司推出的常用视频编辑软件，具有较好的兼容性，且可以与 Adobe 公司推出的其他软件相互协作。现在这款软件普遍

应用于广告制作和电视节目制作中。其最新版本为 Premiere
Pro 2017，如图 1-24 所示。

6　EDIUS

　　EDIUS 非线性编辑软件专为广播和后期制作环境而设计，
特别针对"无带化"视频制播和存储。EDIUS 拥有完善的基
于文件的工作流程，提供了实时、多轨道、多格式混编、合成、
色键、字幕和时间线输出功能。
除了标准的 EDIUS 系列格式，
还支持 Infinity JPEG 2000、
DVCPRO、P2、VariCam、
Ikegami GigaFlash、MXF、
XDCAM 和 XDCAM EX 视频
素材。同时支持所有 DV、HDV
摄像机和录像机。如图 1-25
所示为该软件界面。

7　Avid

　　Avid 是主要的专业剪辑系
统之一，在国内外都拥有广大用户。它可
将高清视频、相片和音频文件转换为丰富
的多媒体体验。凭借完善的相片和视频校
正工具、可保存所有媒体文件的强大资
料库和无限时间线轨道，以实现高级效
果和更多功能，用户完全可以像专业剪
辑师一样进行编辑。精密的电影剪辑工
具，包括标记和关键帧的强大管理资料
库用于组织视频、相片和音频文件，媒
体编辑器用于对视频、相片和音频实施
校正或制作效果，无限时间线轨道用于进
行高级编辑和合
成，专业的附
加组件和 Red
Giant 插件包、
完整的动画字幕
工具用于添加动
画式的图形和文
本，音频工具用
于实现专业的音
质 5.1 环绕声
等。如图 1-26
所示为该软件
界面。

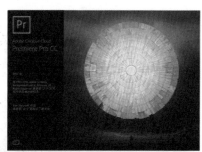

图 1-24

图 1-25

15

图 1-26

8 Smoke

　　Smoke 是一款集多功能于一体的编辑及后期制作软件，可以帮助客户在 Mac 上完成后期

制作流程。在工作流程中使用 Smoke
可以节省大量时间，因为用户可以
在一款软件中完成所有的后期制作
任务。

　　Smoke 能够快速、交互式地进行
创作。Smoke 采用强大的 64 位软件
结构，在三维合成环境中将剪辑、音
频、绘画、文字制作、图形设计和视
觉特效制作功能进行整合，并运用了
Autodesk 的 Master Keyer 和 Color
Warper 技术。从广告片到长篇电视连
续剧再到广播电视设计，Smoke 系统
提供了当今客户所需的特效功能和高
效性能，用于完成创造性的剪辑工作
和效果处理，并能应用 EDL、AAF 或
Apple Final Cut Pro XML 文件与其
他剪辑平台实现更快、更流畅的内容
交互。其界面如图 1-27 所示。

9 Flame

　　虽然 After Effects 是在电视包装
中使用最多的后期软件，但是它并不
是最专业的后期合成软件，最为专业

图 1-27

的后期合成软件还是运行在 SGI 工作站上的那些如 Discreet 公司的 Flame 等高端合成软件，不

过那些软件毕竟价格极其昂贵。所以说比较适合普通的电视包装师的合成软件还是 PC 上的这些合成软件，使用这些合成软件同样能制作出非常精彩的视觉效果。Flame 界面如图 1-28 所示。

⑩ 3ds Max

3ds Max 是美国 Autodesk 公司旗下的经典三维制作软件之一，它提供了功能强大、种类丰富的工具集，例如在三维建模和纹理方面，双精度的布尔值可提供更可靠的结果，可轻松地添加和移除操作对象，布尔运算可排序或创建嵌套；UV 贴图增强功能改进了性能，使 UV 导航和编辑速度提升 5 ~ 10 倍，改善了纹理创建的性能、视觉反馈和工作流效率；在动画方面，对轨迹视图进行了诸多改进，通过用于操纵关键点值和时间的新工具，改进了在编辑器中选择和构架关键点的方式，Max Creation Graph 动画控制器中的编写动画控制器采用新一代动画工具，可供创建、修改、打包和共享动画，通过 MCG 与 Bullet Physics 引擎的示例集成，可以创建基于物理的模拟控制器；在三维渲染方面，Autodesk Raytracer 渲染器 (ART) 是一款基于物理的快速渲染器，拥有高效设置，其 CPU 操作与显卡无关，而且对基于图像的照明运用得非常出色。其界面如图 1-29 所示。

⑪ Maya

Maya 是美国 Autodesk 公司出品的世界顶级的三维动画软件，应用对象是专业的影视广告、角色动画和电影特技等。Maya 功能完善，操作灵活，易学易用，制作效率极高，渲染真实感极强，是电影级别的高端制作软件。Maya 集成了最优秀的动画及数字效果技术，它不仅包括一般三维和视觉效果制作的功能，而且还与最优秀的建模、布料模仿、毛发渲染、运动匹配技术相结合。其界面如图 1-30 所示。

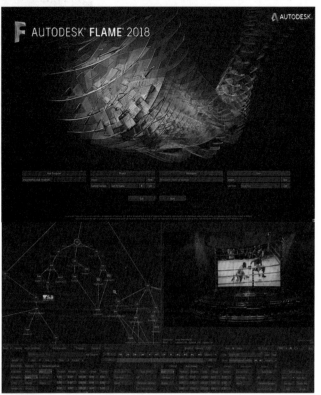

图 1-28

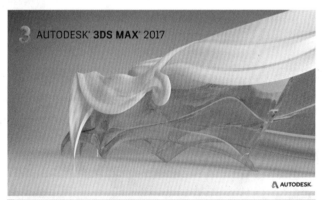

图 1-29

图 1-30

⑫ Cinema 4D

Cinema 4D 是一套由德国公司 Maxon Computer 开发的 3D 绘图软件，以极高的运算速度和强大的渲染插件著称。Cinema 4D 应用广泛，在广告、电影、工业设计等方面都有出色的表现，例如影片《阿凡达》中有花鸦三维影动研究室的中国工作人员使用 Cinema 4D 制作的部分场景，

在这样的大片中看到其表现是很优秀的。在其他动画电影中也使用到 Cinema 4D 的有很多，例如《普罗米修斯》《钢铁侠 2》《毁灭战士》《范海辛》《蜘蛛侠》以及动画片《蓝精灵冒险记》《极地特快》《丛林总动员》等。它正成为许多一流艺术家和电影公司的首选，Cinema 4D 已经走向成熟，很多模块的功能在同类软件中代表科技进步的成果。其界面如图 1-31 所示。

图 1-31

第 2 章

拍摄与后期编辑

影视广告要想取得好的宣传效果，就要增强影视广告的审美性，吸引消费者并激发他们的兴趣，这就要求在创作影视广告时从内容和形式两个方面入手，致力于在前期阶段确定恰当的主题和卓越的广告创意，通过运用摄像和后期技术不断追求画面美和声音美，以获得能够完美表现创意的广告作品。

2.1 前期准备

影视广告制作过程一般分为三个阶段，分别是前期策划阶段、中期筹备阶段和后期制作阶段，而在这三个阶段前，还有一个接单的过程，就是说影视广告的客户是我们的上帝，没有"单"的话，后面三个阶段只能是空想。而这个"单"为什么会接到，那么除了有优秀的工作团队外，最重要的就是客户是否喜欢或者说爱上你的广告创意。创意也可以说是一个"单"是否成功接到的关键。

有人说创意就是天马行空的想象；有人说创意就是想别人想不到的，做别人做不到的；也有人说创意是灵光乍现的结果……其实，创意也是有一定的规律的。在这里将为大家介绍一条好的广告创意是怎么样产生的。

2.1.1 创意脚本

创意，英文为 Creation，它是广告活动的专有词语。按照中文的解释，创意就是新意。广义的创意泛指一切带有创造性的、与众不同的认识与想法，而广告创意则是一种狭义的概念，它是指通过独特的技术手法或巧妙的广告创作脚本，用大胆新奇的手法来制造与众不同的视听效果，最大限度地吸引消费者，更能突出体现产品特性和品牌内涵，并以此传播企业品牌和促进产品销售。

创意在现代广告活动中是广告创作的核心与灵魂。因为广告创意虽然是根据广告策划的想法进行创作，但想法不等于创意。广告创意是从想法而来，通过艺术化的构思创造出新的艺术视点，形象化地传达广告策划的想法。广告创意的好坏不仅是艺术问题，更重要的是看它能否准确传达到位，看它有没有达到广告预定的目标。

所谓广告创意，从动态的角度看，就是广告人员对广告活动进行创造性的思维活动；从静态的角度看，就是为了达到广告目的，对未来广告的主题、内容和表现形式所提出的创造性的"主意"。

影视广告常见的创意表现手法如下。

1 故事情节式

主要是借助于影视的艺术假定性，将广告内容寓于一个精心构思的有简单情节的小故事中，在故事情节的发展过程中传达相关的推广信息。故事情节式在影视广告表现类型中最为常见，也是最有效的一种形式。人们更愿意在一个故事中接受产品，相比较那些硬邦邦、叫喊式的表现形式更容易打动观众，留给观众深刻的印象。

故事情节式的设计要注重细节部分，故事剧情要简单明了，毕竟在短短几十秒或几分钟内剧情不会有太大的发挥空间。产品的引入要自然，要把产品最突出的优点表现出来，让观众顺其自然地接受产品。影视广告中故事结构也要是一个完整的故事，要有引子、高潮和结尾。

例如香奈儿 5 号这则广告中，女明星从尖叫的影迷和记者的包围中匆匆逃脱，冲进汽车，发现一个陌生的男人坐在后排座位上。两个年轻人在公寓的晾台上拥抱，而公寓的屋顶就悬挂着一个大大的香奈儿的双 C 标志。然后女明星的经纪人找到了女明星，并要求她必须回去，女明星走向了星光大道，而男主角带着"她的吻，她的笑和她的香味"依旧留在那个屋顶上，如图 2-1 所示。

图 2-1

图 2-1（续）

2 产品示范式

　　产品示范式广告即通过直接操作、直接演示，加上必要的解说词，使消费者对产品的功能、用途、特点有全面了解，这对用法或功能有一定理解难度的新型产品特别适用。

　　例如在这则婴儿用品的广告中，针对男女宝宝生理结构的不同，详细说明了纸尿裤不同的作用，如图 2-2 所示。

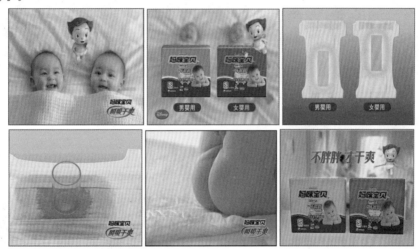

图 2-2

3 消费者证言式

　　企业自卖自夸商品的广告内容不一定能说服人，于是一些企业就采用由第三者向消费者强调某商品或某产品的特征，以取得消费者信赖的广告策略。用证言广告策略时，作为证言的内容可以有很多，如专家、权威人士的肯定，科研部门的鉴定，历史资料的引证，科学原理的论证，消费者的证言等。例如某口服溶液的广告，就采用了一位妈妈的视角和语言来证实产品的功效，如图 2-3 所示。

图 2-3

④ 名人演出式

利用消费者对名人的崇敬、信任、偏爱、追逐、模仿心理，借助社会名流、体坛名将、影视明星等名人的影响打动消费者，利用其形象、声音、对产品的评价、对产品的使用来提高产品形象和企业形象，引导消费。在化妆品、洗涤用品、体育用品、服装产品的广告中特别常见。如图 2-4 所示为请明星做的服饰广告。

图 2-4

⑤ 人物象征式

人物象征式广告是指使产品人格化的人物广告。人物形象可以采用动画形式，也可用真人、真物，如海尔电器的海尔兄弟、"万宝路"的牛仔等。如图 2-5 所示为某品牌奶制品的广告。

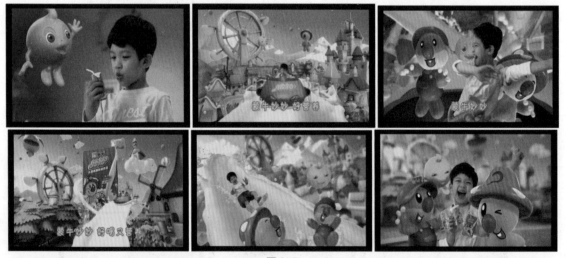

图 2-5

⑥ 儿童表现式

这类广告是指由儿童形象来担当广告的主要演示角色，这些产品并无特定的范围，只需广告创意中适合儿童演示即可。从这一定义可以看出，儿童广告其实具有一个十分宽泛的空间，有着很大的适用性。只要能促进产品的宣传销售，广告主便有可能采用儿童广告。而从现实情况看，儿童广告确已铺天盖地，无孔不入，毫不夸张地说儿童广告已经潜移默化地影响着孩子们的生活，进而影响着人们的整个社会生活，如图 2-6 所示。

图 2-6

7 　动物表现式

　　以动物为主角的广告创意可拉近人与人之间的距离，消除受众与广告诉求之间的隔阂，实现广告信息与消费者心灵的交汇与融通。在生活中许多动物成为人类的情感伙伴，为人们的生活增添了无限色彩和快乐。动物的可爱形象很容易撩拨起人们内心的情感心弦，或惹人怜爱，或引发同情，或带来乐趣，或提升热情。动物虽然不会说话，但商家和广告创作者却可以借动物来表达自己的感受和体会，赋予动物更丰富的情感表达。可借动物为品牌冠名，如"大白兔"奶糖、"七匹狼"男装等；也可以用动物作为代言人或吉祥物的形象出现，如美的空调的北极熊、迪士尼的米奇老鼠等；更可以用动物形象作为广告创意的主角在各类广告作品中出现，来让人们产生亲近感，进而加强沟通，达到预期的效果，如图 2-7 所示。

图 2-7

8 　产品主角式

　　产品主角式或产品人格化表现法把产品作为画面的第一主角，甚至把没有生命的产品人格化。强调产品的外形表现，当广告商品本身的外观和质感具有特殊的视觉效果时，借助摄影技术逼真地再现商品的外形特点，这种方法即直接表现法。例如很多酒产品广告，常采用产品主角式创作手法，如图 2-8 所示。

图 2-8

图 2-8(续)

⑨ 生活片段式

生活片段式广告是用人们日常生活中的某一片段来宣传产品。广告中选取的生活片段通常是生活中某些常见场景，如一个家庭多个成员在一起的场景、父母和孩子在一起的场景、一对夫妻或者恋人在一起的场景等。例如图 2-9 所示的房产广告，就采用了一对年轻夫妻中的男主人公在家练习卖房子的场景。

图 2-9

⑩ 幽默式

幽默式是指广告作品中巧妙地再现喜剧性特征，抓住生活现象中局部性的东西，通过人们的性格、外貌和举止的某些可笑的特征表现出来。

幽默的表现手法，往往运用饶有风趣的情节、巧妙的安排把某种需要肯定的事物无限延伸到漫画的程度，造成一种充满情趣、引人发笑而又耐人寻味的幽默意境。幽默的矛盾冲突可以达到出乎意料、又在情理之中的艺术效果，勾起观赏者会心的微笑，以别具一格的方式发挥其艺术感染力，起到宣传的作用，如图 2-10 所示。

⑪ 多情节式

多情节式广告通常指在广告中设置多个场景，或者多个人物角色，场景之间或者人物之间没有必然的联系，各个群体或者情节是独立的关系，但都是为广告主题服务，为表现产品服务，所以选取的场景或者人物，以及各个群体之间展开的故事情节必须与产品的特性相适合。例如在运动产品的广告中，通常会出现不同人群穿着运动鞋或者服装，各自群体有各自的场景故事，整体上共同表现产品特性。如图 2-11 所示为某运动产品广告。

图 2-10

图 2-11

12 情感式

　　情感式广告通过人们日常生活中某些与所推广产品有关的情景（如环境、气氛、人物心态等），以讲故事的形式进行细腻的表达，或对日常生活的温馨、亲人与朋友间的亲情，通过画面、文字、语言、音乐、气氛进行渲染和描绘，达到缩小生产者与消费者之间心理距离的作用，使消费者产生亲切感，加深印象。这种方式在公益广告中常常见到，如图 2-12 所示为《关爱空巢老人》公益广告。

图 2-12

图 2-12(续)

⑬ 怀旧式

怀旧式广告一般节奏舒缓，表现过往的生活细节，画面多用黄色调甚至黑白影调，体现怀旧色彩。其手法的最大作用就是激发受众内心对过去记忆的情感回味，特别是那些在受众内心永远抹不掉的回忆，是最能打动人的情感所在。这种回忆可以是一个事件，也可以是一种生活方式，或者是一段历史。如图 2-13 所示为某房地产宣传片。

图 2-13

⑭ 性感式

性感式广告突出表现和强调产品的性别特征，直接明快地唤起消费者的购买欲望。例如，以刚毅、果断、身体魁梧的男性表现男士化妆品及其他男性用品，通过温柔的女性模特来表现女性化妆品的滋润与柔情等特点。通过不同性别的身材、服饰、灯光、音乐、语言、气氛渲染来表现男性或女性产品的特有魅力，如图 2-14 所示。

图 2-14

⑮ 动画式

动画式是指采用电影、电视的特技手法和电脑三维动画软件来处理，进行漫画、连环画、卡通片等形式的表达，产生多姿多彩、色彩斑斓、令人惊奇的效果，适合于一些真人真景无法表现的创意，特别适合于儿童产品、高科技产品的广告。那些高科技、惟妙惟肖、别具一格的形象和场景很容易形成极为鲜明的广告个性，给受众留下较为深刻的印象。如图 2-15 所示为某儿童保健品的广告。

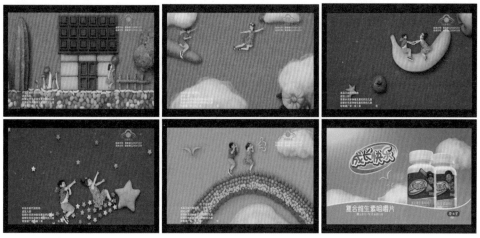

图 2-15

⑯ 系列广告式

系列广告指在内容上相互联系、风格上保持一致的一组广告。同一广告活动中基于同一创意概念创作，用于同类媒体集中刊播、广告信息相同或紧密相关的两个以上广告作品。例如下面的一款洗衣机的广告，就是延续了孩子成长的不同阶段，证明产品的品质和用户的忠诚度，如图 2-16 所示。

图 2-16

大家经过"头脑风暴"之后，几经筛选，最后确定了一到三个创意（不可以太多，否则会影响客户对创意的判断），这几个创意要用文字脚本的格式记录下来。影视广告创意文案的写作要素，与其他类型的写作要求不一样，主要是由影视艺术的"视"与"听"的基础特征决定的。影视传播是以视觉为主的媒体，观众是以"看"为主，其次为"听"，所以在创建文字脚本的时候要注意这两点。

脚本是影视广告拍摄前必须要做的一个步骤，为导演提供一个拍摄思路。那么，影视广告脚本有哪些种类呢？这些种类各有什么作用呢？

1）概念脚本

即 Concept Board，是创意架构和点子的试金石，有商品概念脚本和创意概念脚本两种。概念脚本不需要很详细的情节描述，有时只是明确广告需要表达的重点内容、营造什么样的气氛以及突出何种情感等要素。

2）文字脚本

即 Script，以文字描述场景、动作、对白、音效等。文字脚本的标准规则是每页左半边为画面部分，按镜头顺序依次进行描述；右半边是声音部分，包括旁白和音效。

3）故事脚本

即 Story Board，也称故事板，即将文字脚本描述的创意构想通过美术手段进行视觉化呈现。为了方便提案，有时将主要画面都事先加以绘制，一般也是按照镜头顺序依次绘制。

4）分镜头脚本

即 Shooting Board，也称制作脚本。从导演的拍摄角度出发，往往标明镜头角度、焦距、灯光等具体制作要素，利于正式拍摄参考。

5）相片脚本

即 Photo Board，多用于广告测试、归档。

2.1.2　绘制故事板

故事板是指影视广告创意完成阶段，借助美术手段对广告创意所做的类似连环画式的说明，英文叫 Story Board，有人叫故事画纲。

故事板通常需要包括以下一些内容。

▶ 客户名称、产品名称。

▶ 整条影视广告片的长度、每个分镜头的时间长度。

▶ 分镜头画面（Video）及画面内容的文字描述：每个分镜头主要的定格画面以及简单的说明文字，如果加上特写、远景、前进或后退、叠印、切换等镜头术语加以说明，则能使别人对画面的理解更加明了。

▶ 声音及音响（Audio）的文字描述：与画面同调的声音，包括旁白、对白、音效等。

▶ 特殊要求或其他应该注意的事项。

▶ 正式提交给广告主的故事板还应附上一份有关影视广告创意的说明，便于客户深入理解广告创意的内容。

当然，故事板并没有统一的分类，也没有标准的规格、尺寸及固定的表现手法。因为绘制故事板的目的不是给广大电视观众看的，而只是用于创作人员与广告客户之间沟通、审查认可以及完善后给制作人员做摄制依据，所以只要广告主与制片公司看得懂，能说明问题就可以。虽然故事板的画法、格式没有严格规定，但广告创意的内容必须要交代得清清楚楚、明明白白，不能有丝毫的含糊。

根据影视广告行内专业人士的长期实践，故事板脚本可以分为以下 3 种类型。

1 电脑绘图形式

电脑绘图形式的故事板脚本特点是绘制方便、快捷、成本低，画面有一定的效果，容易复制和修改。但要绘出高质量的故事板脚本，成本较高，时间较长；在表现创意的形式上受到许多限制。如图 2-17 所示为某品牌咖啡广告的故事板。

2 手绘形式

这种形式是由美术师采用素描和色彩的手法绘画。其特点是表现自然、生动、快捷，富有极强的感染力。但不易进行细节刻画、修改和复制，如图 2-18 所示。

图 2-17

图 2-18

3 手绘与电脑结合形式

先由美术师用手绘的方法画出画面，然后扫描到电脑中进行处理，也可以加入一些相关图片或素材进行合成。它能极大地增强表现力，取长补短，易于修改和复制，画面效果极佳。

制作文字脚本与故事板首先要吃透创意精神，抓住主要的镜头画面，做到简明扼要。其次要考虑到可执行度，哪些东西可以执行，哪些东西不可以执行，要考虑清楚，不要画得眼花缭乱，最终难以完成，切记不要画一些不相关的东西。最后要充分发挥美术师的艺术想象力和表现力，进一步落实文案中不具体的内容，把创意变得更为具体和有效，如图 2-19 所示。

图 2-19

2.1.3 岗位与职能

1 制片

制片，就是对原有音像、图片等作品进行制作、加工和修改整理，最终成为满意的作品，进行此项操作的就是制片人，从某种意义上来说，制片人是媒体产品的生产者和管理者。

在影视广告拍摄过程中，需要各种制片来协助一起完成各种分工任务，所以各个制片会有明确的人物，分别为生活制片、外联制片、行政制片和美术制片等。

制片人没有一个固定的工作模式，每一个人都有各自的风格，但作为制片人在工作时要遵循以下要求：

▶ 制片人要和广告的主创人员例如创意总监和导演紧密协作，以便更好地表现影片的风格，强化品牌，并从表现形式上提出要求。

▶ 制片人必须懂得广告制作，只有这样才能更好地把握影片的风格，也才能和演员进行很好的互动，从而优化影片的内容。

> ▶ 因为制片人是整个制作过程中的经营管理者，就存在一个花钱的问题，就是要做到少花钱，多办事，厉行节俭，把钱花在该花的地方，避免造成浪费。

英国传媒专家尼古拉斯·阿伯克龙认为制片人最重要的任务是判断，不仅判断具体创意能不能采用，具体拍摄片段能不能组合进去、片子能不能过关，更重要的是判断整体走向，判断市场、观众和所在电视媒体对这个栏目或节目的需求。做好这个总判断，基本上就可以得 60 分，而制作质量好不好等是另外 40% 的事情。最好的管理者与一般的管理者的区别往往是发现缺陷与解决问题的水平。许多重要的管理者回忆说，他一生中没有做出几个重大决策，但他做出的决策是方向性的。他比一般的管理者高明的是选择方向。

美国传媒专家纽柯姆和阿利则认为制片人的角色是异常复杂的。制片人如同他的观众、评论家、客户一样，了解自己所从事这一行当的历史。他清楚尽可能地减少哗众取宠和别出心裁于己有利。不过，他也明白，墨守成规，一味照抄他人的创意亦于己无益。面对潮流和时尚，他不能视而不见，无动于衷。但是也不能见风使舵，盲目追逐时尚，步入误区。而应该脚踏独木桥，朝着孜孜以求的成功目标迈进。

影视广告制片中的注意事项如下。

> ▶ 一个称职的制片人不需要样样都精通，但他必须样样都懂一点。

> ▶ 制片人必须具备乐观向上的性格、坚强的意志、经受风浪和抵抗挫折的毅力、平易近人的亲和力和领导力，这些品质对于一位制片人来说，也许比他的文学修养和艺术造诣更为重要。

② 导演

在影视广告制作中，导演的作用是至关重要的，虽然一条影视广告片相对于一部影视剧来讲，时间短，内容少，工作量小，但是对于导演的要求却更高。怎样在短暂的时间内展现广告主题与创意，片中的场景如何安排，镜头如何表现，角色的作用如何发挥，整片艺术风格、基调、色彩等如何把握，都是压在导演肩上的重担。

从前期与客户沟通开始，导演就参与到一条影视广告的创作中，其工作主要为：分镜头脚本（导演本）的创作，与客户沟通创意表现并达成一致，指挥广告拍摄前的布景安排，把握广告拍摄的内容与进度，指导人物角色的演绎，指导或亲自参与广告片的后期剪辑等。

导演是影视广告制作中把握整片的关键人物，要成为一个合格的影视广告片导演，必须具备以下素质。

首先，要有一定的文字功底和口头表达能力。在分镜头脚本创作中，能将文学语言转化为可读的视听语言结构，并将导演的一切艺术构思融入镜头之中。在与客户沟通时，能够清楚表达广告创意的镜头表现，准确把握客户的想法。

其次，要有很强的艺术感受力。作为导演，必须对艺术作品有敏锐的感受力并能够用清晰的语言表达出来。如对于广告片风格样式的定位，画面镜头表现风格的把握，人物角色动作的表演，色彩、灯光的运用，对音乐的理解，以及录音、剪辑等各种创作技术的熟悉等。导演必须掌控影视广告片创意、拍摄与制作的全局。

再次，导演还要有一定的协调指挥能力和良好的心理承受能力。如在拍摄现场对摄像、演员、录音、灯光、美术、化妆等相关人员的调度，需要导演指挥。而有些情况下，在拍摄中可能会遇到不同的客户，在现场提出不合理或者无法实现的要求。妥善解决这些问题，需要导演具备一定的心理素质。

③ 摄像师

摄像师是电视图像艺术的主要创作者，是影视广告创作中一个非常重要的角色。影视广告中的镜头是广告主题与创意的表现，是导演再创作思想的体现，所以作为一个影视广告片的摄像师，除了要遵循导演的创作思路外，还要有自己对本次广告创作主题的理解与感悟，辅助导演完成创作任务，或者为广告片拍摄提供新想法。

　　一个影视广告片的摄像师在工作中的主要任务是：使用多种影视摄制器材，在分镜头脚本的基础上，用画面展示本次广告创作的主题。影视广告摄像不同于影视剧摄像，除了设备差异外，还有拍摄手法、构图角度、镜头感等方面的差异。虽然摄像师的工作开始于分镜头脚本，并在导演的指挥下完成广告片拍摄，但是作为影视广告摄像师必须具备一定的素质才能胜任此项工作。

　　首先，对于各种摄像器材，摄像师要做到能够熟练运用，并深知各种器材的特点与效果，因为影视广告拍摄中所用到的器材不一定比影视剧的数量要少，只是种类上的差异。

　　其次，作为影视广告摄像师要有独特的拍摄手法和构图艺术。虽然在影视广告中同样讲究画面的审美，但影视广告更重要的目的是为商业服务，是为了吸引和劝服消费者购买产品，画面中主要展示的是产品，所以影视广告的镜头要具备一定的冲击力和影响力，让受众的眼球集中在所表达的产品上。

4　剪辑师

　　剪辑师是摄制组的主要创作人员之一，主要负责选择、整理、剪裁全部分割拍摄的镜头素材（画面素材和声音素材），运用蒙太奇技巧进行组接，使之成为一部完整的影片。剪辑师在深刻理解剧本和导演总体构思的基础上，以分镜头剧本为依据，通过对镜头（画面与声音）精细而恰到好处的剪接组合，使整部影片故事结构严谨，情节展开流畅，节奏变化自然，从而有助于突出人物、深化主题，提高影片的艺术感染力。

　　作为导演的亲密合作者，剪辑师通过细致而繁重的再创作活动，对一部影片的成败得失，负有举足轻重的职责。剪辑师必须是导演创作意图和艺术构思的忠实体现者。但是剪辑师也可以通过对镜头的剪辑弥补、丰富乃至纠正所摄镜头素材中的某些不足与缺陷，也可部分地调整影片原定结构，或局部地改变导演原有的构思，从而使影片更加完整。剪辑师的工作包括艺术创作与技术操作，贯穿于整个影片摄制过程中，在完成样片剪辑、对白双片制作、混录双片制作等不同阶段，都须与有关（主要是录音）部门通力合作。其工作内容如下。

　　▷　参与与导演有关的创作活动，为后期的剪辑制定方案。

　　▷　通过摄制镜头的编剪、组接，实现导演的创作意图和艺术构思。

　　▷　进行影视片的音乐、对白、音响磁带的套剪及混录。

　　▷　运用纯熟的剪辑技术，针对产品特性进行剪辑包装创意，完成编辑和成片出库。

5　特效师

　　如果说剪辑师是对整个广告片主体结构的创作，那么特效师则是对广告片艺术锦上添花的提升。特效师的工作内容是在影视广告制作过程中，使用数字虚拟技术为广告片添加虚拟场景、虚拟道具、虚拟角色以及用常规方法无法实现的特效镜头。如一些采用动画手法制作的广告片，就是需要特效人员投入大量的工作，设计一个卡通角色形象，创造一个虚拟的表现场景，设置一系列的动作环节等，并要求在规定的时间内结束特效工作，以保障整个广告片的完工，这对特效人员来说是一种压力与挑战。

　　所以作为一个优秀的特效师，必须具备以下能力。

　　首先，要掌握多种特效制作技术，如 Photoshop、After Effects、Nuke 以及 3ds Max、Maya 等，并做到熟练运用的水平。

　　其次，作为特效人员还要具备一定的创意能力。不是所有的影视广告片都需要拍摄，相当一部分的广告片只需要特效制作就能完成，所以作为特效人员必须有一定的独立创作能力，在给定的广告主题基础上，通过特效手段，实现对广告创意的镜头表现。

再次，特效人员还要具备一定的影视广告理论知识。虽然特效是影视广告后期制作中的一个环节，但是这个环节同样涉及广告片画面镜头的表现，什么样的镜头能够体现主题，什么样的镜头能够突出产品或品牌，什么样的镜头能够抓住受众的注意力，这些内容都是一个特效人员必须多了解的理论知识。

6 广告策划与文案

广告文案策划是广告行业中衍生出来的职业，随着广告行业的发展，成为近年的热门职业，广告文案策划和文案策划应当是两个相互联系但却迥然不同的专业分工，只是受制于我国广告行业普遍的公司小型化现状，所以才产生了这种"复合型专业人才"。另外，我国中小企业的市场部或企业部，分工也不可能那么细，为节约成本，企业特别需要一个对外可策划营销活动，对内能撰写广告文案的复合型人才，于是广告文案策划就产生了。

广告文案策划主要包括以下三方面的工作内容。

- ▶ 项目的信息收集、策略的分析、方案的拟定、提案制作等。
- ▶ 公司客户的广告策划、宣传物料文案、活动方案等的撰写。
- ▶ 新闻稿、软文等文案。

著名广告大师李奥贝纳曾经说："没有任何一个客户，会买他自己都没兴趣，或是看不懂的广告。"一句"看不懂"，封杀了无数好创意、好设计、好文案。一个好文案从不会只把文字看作单纯的信息，文字不仅是文字，它同时是音乐、是油画、是雕塑、是舞蹈。但是，人是感性的，音乐、油画和雕塑是没有明确的"懂"或者"不懂"的，消费者是充满七情六欲活生生的人，而不是一堆理性的脑细胞。就像李奥贝纳另一句话所说的："如果你无法将自己当成消费者，那么你根本就不该进入广告这一行。"

广告制作是一个团队的事情，除了制片、导演、摄像、剪辑、文案策划等人员外，有的时候还需要灯光、美工、服装、道具、造型、音乐等人员的各司其职，通力合作，才能完成广告片的创作。广告制作团队是一个大家庭，在这个家庭内部，明确的分工，统一的制作统筹和推进，严格的考评考核，各个环节环环相扣，从而保证了一部广告片的制作水平和这个广告团队强大的执行力。

2.2 影视素材的拍摄

影视艺术是具有时间、空间性质的运动的光与色的造型艺术。影视画面造型是通过摄影的技术手段和艺术手段来完成的。

影视拍摄的过程，既是艺术创作的过程，同时也是一项技术活动。影视作品的构思、艺术追求，都需通过摄影工作作为媒介和纽带，变成屏幕上的造型形象。因此，影视摄影创作不仅要具备艺术素质，同时也要具备技术能力。

2.2.1 常用设备及性能

后期制作是影视广告设计中很重要的一个环节，同样影视广告的拍摄也是重要的程序之一。在影视广告拍摄之前，所需的物料都是要事先准备好的，特别是设备，没有好的影视广告拍摄设备就拍不出好的广告片，下面列举了一些影视广告拍摄所需的设备。

1 胶片机和数字电影机

除非有特殊要求，现在一般胶片机在影视广告拍摄中用得较少，因为胶片机较数字电影机拍摄制作成本高出很多，目前数字电影机基本上已经代替了胶片机。如图 2-20 为传统的胶片机。

② 高清摄像机和标清摄像机

高清摄像机又分为民用娱乐级、业务专用级和广播级。影视广告拍摄设备为业务专用级，可以作为中低端的拍摄使用，广播级的高清摄像机价位相对较高，属于顶级摄像机。

高清摄像机可以高质量、高清晰地记录影像，拍摄出来的画面可以达到1080线隔行扫描方式、分辨率为1920×1080，或4K超高清，分辨率达到4096×2160，如图2-21所示。

图 2-20   图 2-21

③ 广角镜、鱼眼镜

广角镜、鱼眼镜、近摄镜、滤光镜是辅助摄像机拍摄的设备。

广角镜一般用于拍摄主要大场景的照片，如建筑、风景等题材。而用于拍摄风景时能拍摄更广阔的画面，拍摄集体照时能容纳下更多的人。同时，广角镜头可以产生前景大远景小的效果，用广角镜头产生的画面变形，令在前景的物体得到夸张地放大，更加突出前景物体，给予视觉上强烈的冲击，如图2-22所示。

鱼眼镜是一种极端的广角镜头，"鱼眼镜头"是它的俗称。为使镜头达到最大的摄影视角，这种摄影镜头的前镜片直径大且呈抛物状向镜头前部凸出，与鱼的眼睛颇为相似，"鱼眼镜头"因此而得名。鱼眼镜头属于超广角镜头中的一种特殊镜头，它的视角力求达到或超出人眼所能看到的范围，尤其在很多大场合或狭小的空间欲营造出较大的空间时需要鱼眼镜，如图2-23所示。

图 2-22   图 2-23

④ 摇臂

摇臂摄像技术在综艺、体育、谈话类等节目中发挥了不可忽视的作用，它大大丰富了电视节目的镜头语言，使画面更具动感和多元化，为镜头画面增添了磅礴的气势和纵深空间感，使观众有身临其境的感觉。而且由于摇臂摄像机的特有长臂优势，经常能拍到其他摄像机不能捕捉到的镜头。

摇臂摄像技术常用于拍摄影视广告中的运动场面或较大的场面。例如，加多宝广告中集体喝饮料的场面，还有蒙牛金典牛奶中大草原的画面，多用摇臂拍摄。此外在介绍企业的宣传片中也常用。例如，当要求用一个连续镜头来表现车间的大全景、车间里的流水线、工人的工作内容、工人的精神面貌时，就需要使用摇臂摄像技术。形象片的拍摄也是用同样的手法，如图 2-24 所示。

⑤ 三脚架与摄影轨道车

摄像机的三脚架比相机的三脚架稳定性、灵活性、承重都要好，尤其是在拍摄广告中，一般都使用专业级别的摄像机三脚架。因摄像机在拍摄影片中要使用拍摄技巧，从而也决定了三脚架必须具备液压机构，使其"推、拉、摇、移"平稳均匀。

摄影轨道车也被称为"轨道"，一般由四节直轨、两节弯轨和一个轨道车组成，在影视广告拍摄中多用于移动画面的拍摄，如图 2-25 所示。

图 2-24   图 2-25

⑥ 灯光

在影视广告拍摄中，常常需要运用到灯光来进行补光或来控制某种特殊色调，营造某种氛围，所以灯光在影视广告中起了非常重要的作用，下面简单介绍常用的几种灯光设备。

泛光灯是一种可以向四面八方均匀照射的点光源，也属于"软光源"。它的照射范围可以任意调整，在棚内照明不可或缺，但对于一般业余的室内摄影，也可算是照明效果较好的光源之一，如图 2-26 所示。

聚光灯属于"硬光源"，为了使影视画面中的形体界线明显、轮廓清晰、指向性强，常使用聚光灯，这也是摄影棚内用得最多的一种灯，如图 2-27 所示。

图 2-26   图 2-27

⑦ 摄影棚

摄影棚是电影制片厂中拍摄内景的最主要的生产场所。它为搭景、照明、电力分配和吊装等工作提供条件，是摄影工作重要的构成部分。影视广告根据创意的不同，场景选择上也有所不同，一般选择在摄影棚中拍摄一些抠像场景、内景搭景等，如图 2-28 所示。

⑧ 单反相机

使用单反相机拍摄影视广告在最近几年开始流行，在拍摄的画质、价格、高感光、操作性、工作流程等方面，单反相机的优越性比摄像机要强。例如，一台广播级别摄像机的价格一般都在十万元以上，而一台专业级别的单反价格多为三万元左右。

　　当然单反相机在拍摄影视广告时也有一些不足之处，但是对于拍摄作品的学生，单反相机无疑是一个不错的选择，如图 2-29 所示。

图 2-28

图 2-29

2.2.2　实景拍摄技术

　　在影视创作中，摄影的主要任务是进行画面造型的技术和艺术处理，创造性地运用摄影工具和造型手段表达艺术构思。影视摄影的艺术手段主要包括光线、色彩、运动、画面构图的处理及各种摄影技巧的运用。

　　摄影造型的主要艺术处理方法有以下几种。

　　▶　光线处理，通过处理光线的明暗强弱、明暗分布、明暗比例、明暗反差及光线效果等，恰当地体现被摄对象的质感、立体感和空间感，从而使被摄对象形体有别、层次有序，由此形成造型表现力和光线气氛，构建画面构图，渲染环境氛围，展现人物形象和性格。

　　▶　色彩处理，主要是指处理好被摄对象的色别、反差、饱和度、冷暖关系及其变化，由此产生色调变化和色调情绪。色彩的美感不在于色彩本身，而在于色彩之间的关系，一方面指同一镜头同一空间内各景物的色彩之间的关系，另一方面也在于上下衔接的镜头之间的色彩关系。

　　▶　运动处理，影视画面造型离不开运动，离不开对运动的表现和阐释。影视摄影造型中对运动的处理包含两个层面的意思——表现被摄对象的运动，在运动中表现对象。一方面是指描绘对象的空间运动、空间位置及其空间关系，以及由此产生的速度和节奏韵律。另一方面是指通过摄影机的运动来表现被摄对象，也就是运动摄影。

　　▶　构图处理，就是在一定的画幅格式中，筛选对象、组合对象，将要表现的对象有机地组织安排在画框之中，以准确、鲜明地表达内容，并建立具有视觉美感的画面形式。通过对画面景别、拍摄方位、角度等方式的恰当运用，使被摄对象主次分明，虚实得当，上下镜头之间衔接流畅，连续画面表现上达到多样统一、变化和谐。

　　下面再讲解典型的摄影技巧，例如景别、景深、角度和运动等。

　　电视广告通过电视画面来塑造商品形象、传递广告信息。为了有效地传递广告信息，塑造商品形象，我们首先要知道，画面里应该有些什么内容，以及各部分内容占有多大的画面。所以下面先了解一下描述画面景物大小的概念——景别。

　　景别是指镜头的视场大小，也就是被拍摄主体以及周围景物的大小范围。景别决定了镜头里应该出现的是什么和以多大的形象出现。例如，一个特写镜头将被摄主体填满整个屏幕，没有任何其他的景物，而一个全景镜头包含广阔的背景，里面的人只是很小的一部分。远景主要用来介绍环境，使观众了解场景和各种因素的关系，例如用来表明人物所处的地点、人物之间的关系等，如图 2-30 所示。

特写　　　　　　　　　　　　全景　　　　　　　　　　　远景

图 2-30

通常我们以成年人的身体为基准把景别划分为远景、全景、中景、近景和特写。在拍摄时要选择景别，也可调整景别的变换。景别的变化可以向观众展示被摄主体的各个部位，多方位、多角度地将主体展现在观众的眼前，满足观众的心理需求；景别的变化可以更有效地向观众呈现主要信息，去掉不必要的信息，引导观众的视线；景别的变化导致画面节奏的变化，可渲染气氛。例如，特写镜头向全景镜头的转换可以舒缓气氛，而全景镜头向特写镜头的转换会加剧紧张的气氛。

景深是画面景物的清晰范围，可以用来调整视觉深度，景深越大，视觉深度越大。大景深画面可以用来强调主体与背景之间的关系，或者交代主体之间的关系。小景深的画面可以突出主体，淡化背景，消除视觉干扰因素，如图 2-31 所示。

 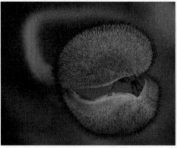 

图 2-31

影响景深的有三个因素：光圈、镜头焦距以及摄像机与被摄体之间的距离。光圈大、焦距长、距离远，都会产生小景深。

拍摄角度是画面构图的一种重要的艺术手段，摄像机对拍摄角度的运用，不但可以交代画面信息，同时也是形成独特艺术风格的又一种途径，通过拍摄角度的运用，可塑造出各种各样的画面形象，观众也得到各种各样的视觉感觉，形成丰富的审美情趣。

平角近似于一般人观察事物的角度，视觉效果与一般人观看景物的感觉相仿，给人留下平稳、和谐、安详的感觉。

俯角是从高处俯摄主体，会使主体的身材显得矮小并处于一种被压抑状态，给人虚弱和渺小的感觉，俯角拍摄可以用来拍摄宏伟的场面或主体运动范围较大的场景，可以摄入多个分散的物体，这是其他拍摄角度无法做到的。

仰角是从低处仰拍主体，令观众感到画面形象高大、强壮、有活力。这种镜头常用来表示对画面形象的崇拜与尊敬。在电视广告中，常用这种拍摄方式来表现身材苗条的模特儿，或者表现汽车的庞大等。但在运用广角镜头仰拍时，人物容易变形，会丑化人物形象，例如鼻孔变大等。

倾斜角拍摄可以使画面变得生动活泼、妙趣横生，向观众展示平常无法看到的奇特景色。同时，由于失去平衡，还会产生方向错乱、心神不安之感。例如，如果要表现一个酒醉的人，或者暗示一个人处于半昏迷状态时，常用倾斜角度来拍摄。这种拍摄方式极具戏剧性，为主观镜头的一种。另外，倾斜镜头有增加视觉感的用意。

侧角是在被摄主体的侧面拍摄的构图方式，能够增加主体立体感，又能传达较多主体与背景之间的信息，加深画面视觉的深度。

主观拍摄角，以演员的视点向观众展示景物，这种镜头能强烈吸引观众的注意力，调动观众的参与感，使其有身临其境之感，引起心理感应。例如，拍摄汽车广告时，如果把摄像机置于驾驶员的位置上，将会拍摄到驾驶员所看到的实际视觉效果一样的景物，产生强烈的真实感。

在拍摄广告的过程中，为了表现画面的动感或者被摄主体的走位均需要摄像机运动，比如横摇、横移、纵摇、纵移、升降拍摄、弧线运动以及推拉镜头。

推拉镜头与纵移拍摄虽然都有改变景别的效果，但存在很大的区别，推拉镜头是借助改变内焦距的方式来控制取景范围，纵移是通过摄像机身的前后移动来改变取景范围的。推拉镜头具有广角镜头和望远镜头的构图特性，如夸张前景、加大或缩小距离感等，纵移一般都是用标准镜头，画面较为自然。

电视广告往往注重画面的运动感觉，因为动态的画面能够吸引观众的注意力，激发观众的兴趣。而静态的画面显得呆板、沉闷，无法引起观众的兴趣，也达不到广告效果。拍摄时要充分运用摄像机运动和镜头变换，拍出有动感的画面。

无论是哪种运动，都需要注意平稳、连贯以及最后落点的准确。

2.2.3　抠像素材的拍摄

一般来说，影视广告利用抠像技术进行制作的流程大致可以分为前期准备、实际拍摄与素材采集、后期制作三个阶段。前期准备是脚本策划和需要抠像制作的镜头中各种涉及元素的准备阶段。实际拍摄与素材采集阶段是利用摄像机记录画面，并将拍摄好的素材内容上传到图形工作站的阶段。而后期制作就是利用实际拍摄好的素材，通过综合运用各种抠像软件将需要的前景画面从背景中分离，再借助合成、跟踪和三维等辅助软件对抠出的前景画面和需要进行拼接的背景画面进行合成，最后通过剪辑形成完整的影片的阶段。下面将分述三个阶段的具体工作流程。

1　前期准备

前期准备是一个比较复杂的系统工程。而拍摄出的素材的成功与否主要取决于拍摄前的准备工作是否充分，很多情况下有效的前期准备能为后期制作提供极大的便利。需要进行的准备工作如下。

1) 镜头脚本和演员表演的准备

抠像是将真实拍摄的前景画面和虚拟制作的背景画面合成的技术，所以实际拍摄时往往只能看到蓝色遮幕上对着"空气"表演的演员而无法实时了解到最终的合成效果。这就要求导演和后期指导人员良好协调，分析研究镜头脚本的画面构成、摄像机的运动轨迹等各方面因素，同时也需要考虑清楚后期制作的技术实力是否能够完美实现想要的效果。

2) 遮幕和道具的准备

从原理上讲，只要背景所用的颜色在前景画面中不存在，用任何颜色做背景遮幕都可以。但实际上，最常用的是蓝背景和绿背景两种，其原因在于人身体的自然颜色中不包含这两种色彩，用它们做背景不会和人物混在一起；同时这两种颜色是 RGB 系统中的原色，也比较方便处理。我国抠像拍摄时一般采用蓝背景，在欧美国家绿屏幕和蓝屏幕都经常被使用，但在拍摄人物时常用绿屏幕，理由是很多欧美人的眼睛是蓝色的。而在架设遮幕前导演需要明确哪些内容是可以通过实际拍摄完成的，哪些内容必须借助后期合成，甚至哪些内容要由演员和虚拟画面互动完成。之后在镜头脚本的指导下确定真实拍摄和背景的分界位置，在该位置之后架设遮幕，保证摄像机安全框中只有需要拍摄的前景画面和蓝色遮幕存在；同时也需要确保前景中的演员、道具和背景遮幕的颜色差异，不然在后期处理时就会遇到前景人物和背景一同被"抠掉"的情况。但在某些特殊情况下也会引入一些和背景遮幕颜色一样的道具作为前景抠像对象，以实现一些特殊的效果，如图 2-32 所示为遮幕。

3）跟踪点的准备

一般运动镜头的合成制作需要在拍摄场景中安放一定数量的有效跟踪点以方便后期处理时进行摄像机轨迹反向求解，从而在三维软件中正确模拟出摄像机的运动。只有这样才能在场景抠去背景后遵照正确的透视关系进行三维虚拟物体的添加。所以如果要使用运动镜头，需在遮幕上放置一定数量的跟踪点标记，具体数量和位置要参考运动镜头的运动幅度和演员在场景中移动的范围而定。基本原则是要求放置的跟踪点不被前景物体遮挡，而且颜色相对遮幕要有所区分。当然如果条件允许，引入多轴运动控制系统会让运动镜头的合成变得更加简单和准确，如图 2-33 所示为设置的跟踪点。

图 2-32　　　　　　　　　　　　　　　　图 2-33

② 实际拍摄与素材采集

拍摄与素材采集过程就是完成对前期准备中脚本的拍摄工作，并完成采集工作以便对素材进行后期处理，从而完成抠像工作。主要需进行的工作如下。

1）拍摄

在前期已经做好遮幕和道具等准备的前提下，按照脚本的要求寻找合适的机位并和演员协调好就可以开始拍摄工作。需要注意的是演员的表演必须在蓝色遮幕范围内，尤其需要注意其肢体动作不能超出遮幕范围，不然会造成抠像时的信息丢失。此外，需要移动拍摄或者摇镜头时必须保证跟踪点始终处在拍摄画面中，同时不能被演员的动作遮挡。

2）采集

采集工作相对比较简单，即将拍摄好的素材输入计算机进行采集，并按脚本要求对素材进行分类剪辑，将需要抠像的内容和不需要抠像的内容进行分离，以便处理和合成工作的顺利进行。最后再对需要的时码进行记录，以防最终合成时产生混乱。

2.3　后期编辑

2.3.1　镜头组接与蒙太奇

① 镜头组接

镜头组接，就是将电影或者电视里面单独的画面有逻辑、有构思、有意识、有创意和有规律地连贯在一起。一部影片是由许多镜头合乎逻辑地、有节奏地组接在一起，从而阐释或叙述某件事情的发生和发展的技巧。

镜头组接首先要考虑观众的思维方式和影视表现规律，符合生活的逻辑、思维的逻辑，不符合逻辑观众就看不懂。要明确表达出影片的主题与中心思想，在这个基础上才能根据观众的心理要求，即思维逻辑来决定选用哪些镜头，怎么样将它们组合在一起。

镜头组接要遵循"动接动""静接静"规律。如果影片画面中同一主体或不同主体的动作是连贯的，可以动作接动作，达到顺畅、简洁过渡的目的，简称为"动接动"。如果两个画面中的主体运动是不连贯的，或者它们中间是有停滞的，那么这两个镜头的组接必须在前一个画面主体做完一个完整动作停下来后，接上一个从静止到开始的镜头，这就是"静接静"。运动镜头和固定镜头组接，同样需要遵循这个规律。

如果一个固定镜头要接一个摇镜头，则摇镜头开始要有"起幅"；相反一个摇镜头接一个固定镜头，那么摇镜头要有"落幅"，否则画面就会给人一种跳动的视觉感。

要把时间或空间发生了变化的镜头画面组接在一起不是一件容易的事，除上面所用的基本技巧组接外，也可用切换的方法。下面介绍几种常用的转场组接方式。

1）利用动作组接

随着时间的推移，事物已变化发展，这样可利用事物变化发展中的一些动作作为组接点。比如小孩已长成大人，可以用这样两个镜头组接：

(1) 小孩走路，从全景推至走动着的脚。

(2) 从走动着的脚拉出一个成人在走路。

这是电影惯用的一种组接方法。实际上，很多有动作性的镜头，都可作为转场的切换点。

2）利用物体组接

同一物体、同类物体或外形相似的物体，都可以作为转场衔接的因素。例如，教师在家里埋头备课的"教案"与教师在课堂上讲课的"教案"是同一物体，通过"教案"这一物体就能将教师从家里转到教室里。这两个镜头画面可以这样组接：

(1) 教师埋头备课的近景推向教案特写。

(2) 从教案特写拉出教师在讲台上讲课的全景。

3）利用因果关系组接

这是一种利用观众的心理因素来连接镜头的方法。观众总希望看到由某些原因引发出来的结果。例如，眼睛在注视的镜头，应连接被注视的东西；拿起照相机在拍照的镜头，接着应出现被拍摄的景物；举起手枪瞄准的镜头，则应连接手枪所瞄准的靶子等。

4）利用声音组接

利用声音，包括语言、音响和音乐，能把两个或多个镜头有机地连接起来，从而达到流畅的效果。在图解型电视教材中，许多只有内容联系，但没有自然联系的镜头能组接在一起，大多数情况是利用了解说词把它们组接起来的。例如，在《不平静的夜》一片中，有这样一个例子，画面 1（全景）：稻田里，一只黑线姬鼠仓皇地向田埂窜去。对应的解说词是："好吧！那就让我们跟着老鼠去看看它们洞里的情况吧！"接着出现的画面是：田埂上鼠洞的特写。

5）利用空镜头组接

从一个段落过渡到另一个段落时，可以利用空镜头组接。例如，一个体育教学片中，第一段讲篮球训练，而第二段是排球训练，中间用一个蓝天的空镜头，从篮球场转到排球场，这样就比较自然顺畅。

2　蒙太奇

蒙太奇，法语 Montage 的译音，原是法语建筑学上的一个术语，意为构成和装配。后被借用过来，引申应用在电影上，代表剪辑和组合，表示镜头的组接。简单地说，蒙太奇就是根据影片所要表达的内容和观众的心理逻辑，将一部影片拍摄成许多镜头，然后再按照既定的构思组接起来的，也就是将一个个的镜头组成一段，再把一个个的小段组成一大段，最后把一个个的大段组织成为一部电影，合乎理性和感性的逻辑，合乎生活和视觉的逻辑，看上去顺当、合理、有节奏感、舒服，这就是高明的蒙太奇。反之，就是不高明的蒙太奇了。

现代影视中的蒙太奇手法，主要是通过导演、摄影师和剪辑师的再创作来实现的。在影视广告的制作中，首先是按照广告的主题思想分别拍成多个镜头，也可能会通过三维软件制作多个画面和特效，然后再把这些素材有机地、艺术地组织和剪辑在一起，使之产生连贯、对比、联想、衬托悬念等联系以及快慢不同的节奏，从而有选择地组成一部反映广告创意思想并具有特定表现风格的广告片。

当不同的镜头组接在一起时，往往又会产生各个镜头单独存在时所不具有的含义。爱森斯坦认为，将队列镜头衔接在一起时，其效果"不是两数之和，而是两数之积"。凭借蒙太奇的作用，电影享有时空的极大自由，甚至可以构成与实际生活中的时间空间并不一致的电影时间和电影空间。

随着现代科技的迅猛发展，以及影视向各门艺术学习与借鉴的领域不断扩大，加之影视美学自身领域的不断开发，它的表现手法也在不断地变化和发展。蒙太奇主要分为叙事性蒙太奇和表现性蒙太奇。叙事性蒙太奇主要用于讲述故事、交代情节，是最基本最简洁的一种表现方式，其作用在于连接段落与段落转场、贯穿线索、压缩时间，使情节清晰自然而流畅，其中又可细分为连续式、平行式、交叉式、积累式、重复式和颠倒式几种基本形式。而表现性蒙太奇是为表现某种寓意、精神和情绪的，追求镜头和镜头组接之后再生的新的含义，讲究镜头之间的对立，从而产生艺术感染力，包括对比式、隐喻式和象征式三种类型。

通过蒙太奇手段，影片的叙述在时间和空间的运用上取得极大的自由。一个划出划入的特技或者直接的镜头切换就可以在空间上从东北跳到西南方，或者在时间上跨越几十年，甚至上千年。而且通过两个不同空间的运动的并列与交叉，可以造成紧张的悬念，或者表现分处两地的人物之间的关系，如恋人的两地相思。不同时间的蒙太奇可以反复地描绘人物过去的心理经历与当前的内心活动之间的联系。

蒙太奇的技法是丰富多样的，可根据情节和主题的需要以及创作者的意图恰当地运用。在影视广告的制作中，特别是对形象宣传片、节目预告片、广告等影视作品，蒙太奇具有十分重要的意义，各种视觉元素在影视工作者的头脑中和计算机上被重新排列、组合、架构、创造，成为完整、鲜明的艺术形象，那种复杂的、充满机智的画面对比创造出令人眼花缭乱的视觉效果和极具想象力的虚幻空间，它们引导着观众的想象力，让观众的思维飞扬起来，更增强了影视广告的感染力。

2.3.2　数字视频编辑

在非线性编辑技术中，基于计算机的数字剪辑手段得到了很大的发展，这种技术将素材记录到计算机中，利用计算机进行剪辑，用简单的鼠标和键盘操作，剪辑结果可以马上回放，所以大大提高了效率。同时它不但可以提供各种编辑机所有的特技功能，还可以通过软件和硬件的扩展，提供编辑机无能为力的复杂特技效果。数字非线性编辑不仅综合了传统电影和电视编辑的优点，还对其进行了进一步发展，是影视剪辑技术的重大进步。

随着PC性能的显著提高，价格的不断降低，影视制作从以前专业的硬件设备逐渐向PC平台上转移，原先身份极高的专业软件也逐步移植到平台上，价格也日益大众化。同时影视制作的应用也从专业影视制作扩大到电脑游戏、多媒体、网络、家庭娱乐等更为广阔的领域。许多在这些行业的从业人员与大量的影视爱好者们，现在都可以利用自己手中的电脑来制作自己的影视节目。

随着影视制作技术的迅速发展，后期制作又肩负起了一个非常重要的职责：特技镜头的制作。特技镜头是指通过直接拍摄无法得到的镜头。计算机的使用为特技制作提供了更多更好的手段，也使许多过去必须使用模型和摄影手段完成的特技可以通过计算机制作完成，所以更多的特技效果就成为后期制作的工作。

1 视频编辑流程

视频编辑即按要求、按脚本，以突出某主题内容为目的剪辑制作、删减段落、增加或删减片段、增加 Logo、上字幕、配音、加蒙太奇效果、专业调色处理、三维片头定制、制作花絮、视频各个格式转码、电子相册、Flash 等，以及根据自主化要求剪辑制作。

影视后期制作的流程基本上是初剪——正式剪辑——作曲或选曲——特效录入——配音合成。

1) 初剪

也称为粗剪。现在的剪辑工作一般都是在计算机中完成的，因此拍摄素材在经过数字化以后，要先输入到计算机中，导演和剪辑师才能开始初剪。在初剪阶段，导演会将拍摄素材按照脚本的顺序拼接起来，剪辑成一个没有视觉特效、没有旁白和音乐的版本。

2) 正式剪辑

在初剪得到认可以后，就进入了正式剪辑阶段，这一阶段也被称为精剪。精剪部分，首先是要对初剪不满意的地方进行修改，然后将特技部分的工作合成到广告片中去，广告片画面部分的工作到此完成。

3) 作曲或选曲

广告片的音乐可以作曲或选曲。这两者的区别是：如果作曲，广告片将拥有独一无二的音乐，而且音乐能和画面有完美的结合，但会比较贵；如果选曲，在成本方面会比较经济，但别的广告片也可能会用到这段音乐。

4) 特效的录入

这个阶段是比较关键的一个阶段，将本身拍摄不到或者拍摄效果不好的地方进行特效制作，这里将运用到十分专业的特效制作软件，我们所看到的很多具有超强视觉效果的电影正是因为特效录入这个环节做得十分好。

5) 配音合成

旁白和对白就是在这时候完成的。在旁白、对白和音乐完成以后，音效剪辑师会为广告片配上各种不同的声音效果。至此，一条广告片的声音部分的因素就全部准备完毕了，最后一道工序就是将以上所有元素的各自音量调整至适合的位置，并合成在一起。

2 编辑技巧

在影视编辑中表示时空变换的手法很多。在编辑工作中，常用的编辑技巧有切、淡、化、划和叠印 5 种。

▶ 切，是把两个有内在联系的镜头直接衔接在一起，前一个镜头叫切出，后一个镜头叫切入。表示前一个场景的画面刚结束，后两个场景的画面迅速出现，以此达到对比强烈、节奏紧凑的效果。

▶ 淡，是一种舒缓渐变的转换手法，分淡入和淡出。淡入是指画面从完全黑暗到逐渐显露，一直到完全清晰的过程，所以也称渐显，表示剧情发展的一个段落的开始。淡出是指一个画面从完全清晰到逐渐转暗，以至完全隐没的过程，表示剧情一个段落的结束，能使观众产生完整的段落感。

▶ 化，又称溶，是指前一个镜头渐隐的同时，后一个镜头逐渐显现，两个镜头有一段时间叠印在一起，前一个镜头的末尾叫化出，后一个镜头的开头叫化入。由于从一个场景缓慢地过渡到另一个场景，造成前后相互联系的感觉。

▶ 划，又称划变，是指前一幅画面逐渐揭开，后一幅画面同时出现，给人的感觉就像翻画册一样，前一个镜头叫划出，后一个镜头叫划入。

▶ 叠印，是把两个或两个以上不同内容的画面整合，复制为一个画面的技巧,常用来表示回忆、想象、思索等。

除了上面几种影视作品的一般编辑技巧外，其他编辑方法还有很多，尤其是在影视画面中，借助电子设备之便，更是花样迭出，变化无穷，丰富多彩。当然，这些技巧都应在编辑机内来完成，一般应是专业人员来处理。

1) 画面剪接

应用编辑技巧是在剪辑的基础上的，镜头的剪接是相当重要的。画面剪接点可分为动作剪接点、情绪剪接点和节奏剪接点。

▶ 动作剪接点：以画面中人物（或动物）的形体动作为基础，选择动作的开始，或进行中，或是动作的结束来作为剪接点。

电视专题节目、新闻节目都是采用单机一次性拍摄方法，不主张对人物动作的重复拍摄。在后期剪辑中，不需要把人物动作的分解和组合像电视剧那么细致。

电视剧往往在前期拍摄中采取多机摄录或单机重复摄录人物多遍动作的方法，在后期剪辑中特意把画面素材中人物多次重复的、连续的动作进行细致的分解和重新组合，以刻意追求蒙太奇组接后的艺术效果。

▶ 情绪剪接点：以人物的心理情绪为基础，根据人物情绪在其喜、怒、哀、乐等外在表情的表达过程中选择剪接点。

情绪剪接点的选择要注重对人物情绪的夸张、渲染，在镜头长度的把握上一般要放长一些，以"宁长勿短"的原则来处理。

情绪剪接点的确定不同于动作剪接点，它在画面长度的取舍上余地很大，不受画面内人物外部动作的局限，而以描写人物内心活动、渲染情绪、制造气氛为主。全凭编辑人员对影视作品剧情、内容、含义的理解，对人物内心活动的心理感觉，看不见，也摸不着。

▶ 节奏剪接点：使用的镜头一般是没有人物语言的镜头，它以事件内容发展进程的节奏线为基础，根据内容表达的情绪、气氛以及画面造型特征来灵活地处理镜头的长度与剪接。

节奏剪接点的作用是运用镜头的不同长度来创造一种节奏——或舒缓自如，或紧张激烈。节奏剪接点在过场戏、群众场面与战斗场面中起着特别重要的作用。

2) 声音剪接

在选择画面节奏剪接点的同时，还要考虑声音的剪接点。要注意将镜头的画面造型特征、镜头长度与解说词、音乐及音响的风格节奏有机地结合起来，以达到画面与声音的有机统一。

声音剪接点，是以声音因素为基础，根据画面中声音的出现与终止以及声音的抑、扬、顿、挫来选择的剪接点。声音剪接点又可以分为对话剪接点、音乐剪接点和音响剪接点。

▶ 对话剪接点：以画面中人物语言的内容为依据，结合语言的起始、语调、速度来确定剪接点。

▶ 音乐剪接点：第一类音乐剪接点是歌曲、戏曲、器乐曲等音乐类节目的剪接点，以音乐节奏、乐句、乐段的出现、起伏与终止为主要依据来选择，如电视片表现交响乐演奏，哪个乐器开始独奏，就将镜头切至哪个乐器，一般用近景、特写表现，合奏时切至全景，一般用全景表现；第二类音乐剪接点是为烘托画面内容而配置的画外音乐，要注意将音乐的节奏、乐句、乐段与画面内容的情绪及长度有机结合起来。如果段落画面已自然结束，而音乐尚未结束，这会给观众一种戛然而止的不和谐感，所以表现了画外音乐对电视画面的依附性和重要性。

▶ 音响剪接点：指以画面内容为基础，在某一段效果音响的首尾选择的剪接点。

例如，一个人坐在那深思，画面运用钟摆的滴答声来比喻人物此时此刻复杂、烦乱的心情，音响效果的剪接点就必须与画面内钟摆动作相匹配、相一致。

又如，一些描写环境气氛的自然音响效果，如海水冲撞礁石所发出的巨响、潮落的水声，音响效果也必须与画面中海水的起幅、落幅动作一致。

音响剪接点选择准确，可以使屏幕视听效果更加真实，选择不当则会产生虚假的感觉。

在剪辑过程中，无论选择哪种剪接点，都必须为内容服务，必须结合素材考虑和判断，以合理地选择剪接点。首先以屏幕所播放出来的画面效果为标准；再看画面镜头组接是否通顺，节奏是否明快、流畅等。一般来说，在两个镜头相连时，只有一个正确的剪接点。但是剪接点往往受到镜头造型因素和戏剧动作的制约，导演、编辑在镜头组接的处理方法上，也有自己的艺术情趣和习惯，这些都会影响剪接点的选择。当然，剪接点的选择最终要看屏幕的效果。

2.4　后期剪辑综合实践——探巡者户外广告

下面以 Premiere Pro CC 2017 讲解视频的编辑。这是一组自然风光的素材来组合成一个户外品牌的宣传片，最终效果如图 2-34 所示。

图 2-34

2.4.1　粗剪

1. 首先打开 Premiere Pro CC 2017 软件，导入全部的风光素材和音乐素材，如图 2-35 所示。

2. 从项目窗口中拖曳音频素材到音频轨道上，可以查看音频波形，从而对音乐节奏有所掌握，如图 2-36 所示。

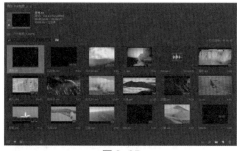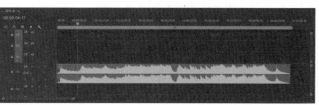

图 2-35　　　　　　　　　　　　　　　　　图 2-36

3. 在项目窗口中双击素材"风光 01"，在预览窗口中播放该视频，在 4 秒位置单击按钮 设置出点，如图 2-37 所示。

4. 单击预览窗口底部的视频图标，当光标变成抓手时拖曳到时间线上，这样就将该素材的部分视频变成序列的第 1 个片段，如图 2-38 所示。

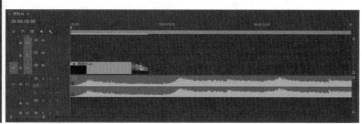

图 2-37　　　　　　　　　　　　　　　　　图 2-38

5. 双击素材"风光 02"，在预览窗口中播放该视频，在 1 分 51 秒 15 帧位置单击按钮 设置入点，拖动时间线指针到 1 分 53 秒，单击按钮 设置出点，如图 2-39 所示。

6 然后拖曳到时间线上，成为序列的第 2 个片段，如图 2-40 所示。

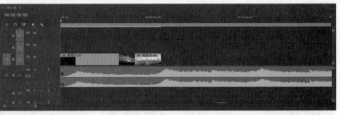

图 2-40

图 2-39

7 双击素材"火"，在预览窗口中播放该视频，在 3 秒 05 帧位置单击按钮 设置入点，拖动时间线指针到 8 秒，单击按钮 设置出点，如图 2-41 所示。

8 拖曳该素材到时间线上，成为序列的第 3 个片段，如图 2-42 所示。

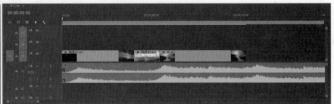

图 2-42

图 2-41

9 单击【效果控件】选项卡，在【效果控件】面板中调整素材的尺寸，如图 2-43 所示。

10 双击素材"融化"，在预览窗口中播放该视频，在 1 分 12 秒位置单击按钮 设置入点，拖动时间线指针到 1 分 22 秒，单击按钮 设置出点，如图 2-44 所示。

图 2-43

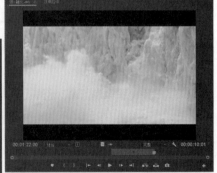

图 2-44

11 拖曳该素材到时间线上，成为序列的第 4 个片段，如图 2-45 所示。

12 双击素材"瀑布"，在预览窗口中播放该视频，在 18 帧位置单击按钮 设置入点，拖动时间线指针到 4 分 8 秒，单击按钮 设置出点，如图 2-46 所示。

13 拖曳该素材到时间线上，成为序列的第 5 个片段，如图 2-47 所示。

14 双击素材"太阳"，在预览窗口中播放该视频，在 2 分 5 秒位置单击按钮 设置入点，拖动时间线指针到 2 分 9 秒 10 帧，单击按钮 设置出点，如图 2-48 所示。

图 2-45

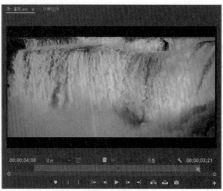

图 2-46

15　拖曳该素材到时间线上，成为序列的第 6 个片段，如图 2-49 所示。

16　选择调速工具，缩短"融化"片段，加快这一片段的速度，使该片段的出点在 17 秒 16 帧，然后向前移动后面的两个片段，如图 2-50 所示。

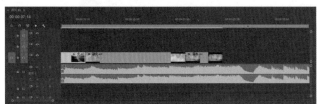

图 2-47

图 2-48

17　在时间线上拖曳当前指针到最后一个片段的末端，单击右边节目预览窗口底端的按钮设置入点，拖曳当前指针到 27 秒 20 帧，单击按钮设置出点，锁定音频轨道，如图 2-51 所示。

18　双击素材"风光 03"，在预览窗口中播放该视频，在 2 分 44 秒 20 帧位置单击按钮设置入点，在 2 分 47 秒 20 帧位置单击按钮设置出点，单击插入按钮，弹出【适合剪辑】对话框，选择第三项，如图 2-52 所示。

19　单击【确定】按钮，关闭对话框，将该素材放置于时间线的出入点之间，素材的入点与序列的入点对齐，素材的出点和长度由序列的出点进行裁剪，成为序列的第 7 个片段，如图 2-53 所示。

20　双击素材"飞翔"，在预览窗口中播放该视频，在 2 秒位置单击按钮设置入点，拖动时间线指针到 4 秒，单击按钮设置出点，如图 2-54 所示。

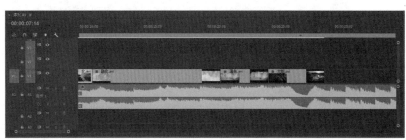

图 2-49

21　拖曳该素材到时间线上，成为序列的第 8 个片段，如图 2-55 所示。

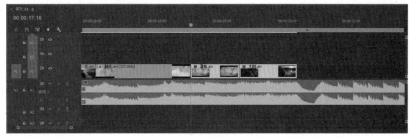

图 2-50

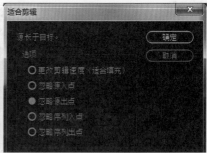

图 2-51   图 2-52

图 2-53

图 2-54

图 2-55

22　在时间线上拖曳当前指针到 31 秒 10 帧，设置出点，按键盘上的 UP 键使当前指针跳到第 8 个片段的末端，单击按钮 ▮▮ 设置入点，如图 2-56 所示。

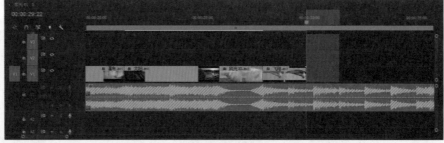

图 2-56

23　双击素材"迁徙"，在预览窗口中播放该视频，在 1 秒 10 帧位置单击按钮 ▮▮ 设置入点，单击插入按钮 ▮▮，将该素材放置于时间线的出入点之间，成为序列的第 9 个片段，如图 2-57 所示。

24　在时间线上拖曳当前指针到 37 秒，设置出点，按 UP 键使当前指针跳到第 9 个片段的末端，单击按钮 ▮▮ 设置入点。

25　双击素材"海洋 03"，在预览窗口中播放该视频，在 7 秒 10 帧位置单击按钮 ▮▮ 设置出点，如图 2-58 所示。

26　单击插入按钮 ▮▮，将该素材放置于时间线的出入点之间，成为序列的第 10 个片段，如图 2-59 所示。

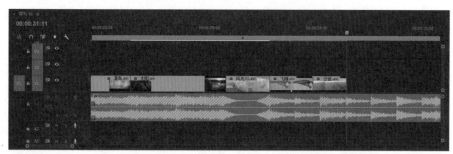

图 2-57

图 2-58

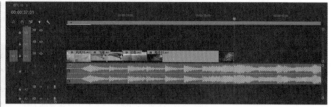

图 2-59

27 在时间线上拖曳当前指针到 39 秒 20 帧设置出点，按 UP 键使当前指针跳到第 10 个片段的末端，单击按钮 设置时间线的入点。

28 双击素材"沙漠"，在预览窗口中播放该视频，在 3 分 29 秒 05 帧位置设置出点，拖曳当前指针到素材起点设置入点，单击插入按钮 ，弹出"适合剪辑"对话框，如图 2-60 所示。

29 将该素材放置于时间线的出入点之间，成为序列的第 11 个片段，如图 2-61 所示。

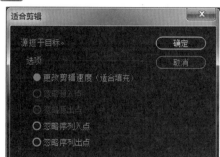

图 2-60

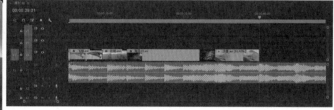

图 2-61

30 在时间线上拖曳当前指针到 44 秒 15 帧，设置出点，按 UP 键使当前指针跳到第 11 个片段的末端，单击按钮 设置入点。

31 双击素材"云海"，在预览窗口中播放该视频，在 15 秒 10 帧位置单击按钮 设置出点，单击插入按钮 ，将该素材放置于时间线的出入点之间，成为序列的第 12 个片段，如图 2-62 所示。

32 在时间线上拖曳当前指针到 47 秒，设置出点，按 UP 键使当前指针跳到第 12 个片段的末端，单击按钮 设置入点。

33 双击素材"发射"，在预览窗口中播放该视频，在 40 秒 18 帧位置单击按钮 设置出点，

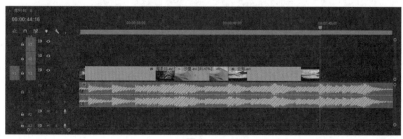

图 2-62

单击插入按钮，将该素材放置于时间线的出入点之间，成为序列的第 13 个片段，如图 2-63 所示。

34 在时间线上拖曳当前指针到序列的末端，单击按钮设置出点，按 UP 键使当前指针跳到第 13 个片段的末端，单击按钮设置入点。

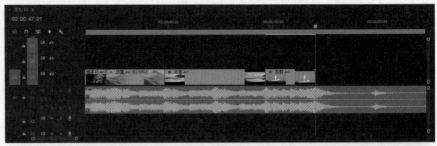

图 2-63

35 双击素材"山"，在预览窗口中播放该视频，在 6 秒位置单击按钮设置出点，单击插入按钮，将该素材放置于时间线的出入点之间，成为序列的第 14 个片段，如图 2-64 所示。

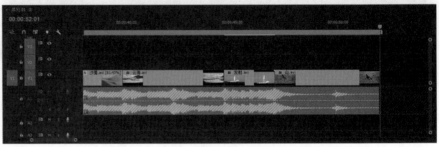

图 2-64

2.4.2 精剪与字幕

本节主要讲解每一个片段出入点的精确调整，尤其是要和音乐节奏匹配，还要调整个别素材的尺寸和速度，最后添加必要的文字信息。

1 首先制作一个宽屏幕的遮幅。选择菜单【文件】|【新建】|【标题】命令，打开字幕编辑器窗口，选择矩形工具，填充颜色为黑色，绘制两个黑色矩形，如图 2-65 所示。

2 在项目窗口中拖曳字幕到视频轨道 V2 中，并拉长到序列的长度，如图 2-66 所示。

图 2-65

图 2-66

3 选择片段"瀑布"，单击【效果控件】选项卡，单击【运动】项，在节目视窗中可以看到素材的尺寸比节目尺寸要小，调整一下，如图 2-67 所示。

4 选择片段"飞翔"，单击【效果控件】选项卡，单击【运动】项，在节目视窗中可以看到素材的尺寸比节目尺寸要小，调整一下，如图 2-68 所示。

5 片段"迁徙"也存在同样的问题，可以直接在节目窗口中拖曳放大图像，如图 2-69 所示。

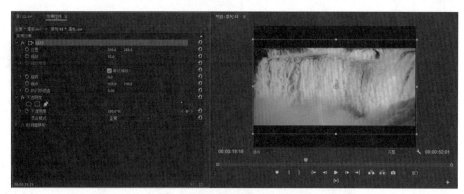

图 2-67

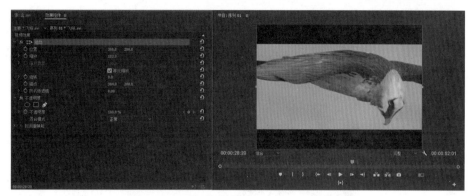

图 2-68

6 片段"海洋"素材尺寸很大，调整其大小，如图 2-70 所示。

图 2-69

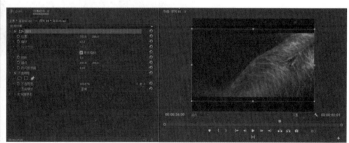

图 2-70

7 片段"云海"素材尺寸在宽度上有点大，调整其大小，如图 2-71 所示。

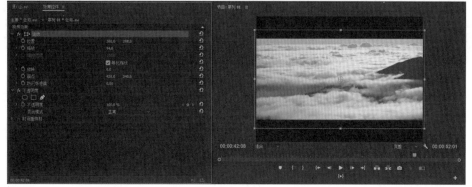

图 2-71

8 片段"山"素材尺寸在宽度上有点大，调整其大小，如图 2-72 所示。

9 　根据背景音乐来调整个别片段的起止点和速度。拖曳当前指针到 10 秒 20 帧，在工具栏中选择滚动编辑工具 ⟷，将光标放置于片段"火"和"融化"之间，按住鼠标向后拖曳到当前时间线的位置然后放开，这样两片段的长度发生了变化，如图 2-73 所示。

图 2-72

10 　拖曳当前指针到 32 秒 15 帧，在工具栏中选择滚动编辑工具 ⟷，将光标放置于片段"迁徙"和"海洋"之间，按住鼠标向后拖曳到当前时间线的位置然后放开，这样两片段的长度发生了变化，如图 2-74 所示。

图 2-73

11 　选择最后一个片段"山"，在工具栏中选择滑动工具 ⟷，将光标放置于片段"山"上，按住鼠标向左拖拉，从节目窗口可以查看片段的入点和出点，如图 2-75 所示。

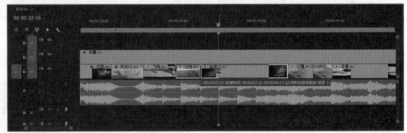

图 2-74

12 　在时间线上也可以查看滑动的时间，如图 2-76 所示。

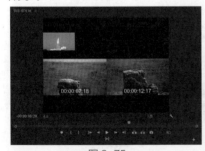

图 2-75

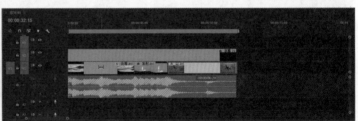

图 2-76

13 　创建定版字幕。选择菜单【文件】|【新建】|【标题】命令，弹出【新建字幕】对话框，如图 2-77 所示。

14 　单击【确定】按钮，关闭对话框，打开字幕编辑窗口。

15 　在字幕编辑窗口左侧的工具栏中选择文本工具 T，输入字符并设置字体、大小和颜色等字符属性，如图 2-78 所示。

16 　从项目窗口中拖曳"字幕02"到时间线上的 V3 轨道上，入点为 47 秒 16 帧，如图 2-79 所示。

17 　为定版字幕"字幕02"添加淡入效果，设置不透明度的关键帧，如图 2-80 所示。

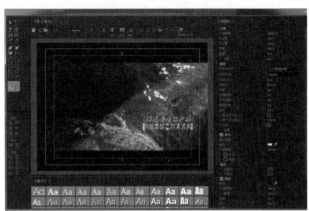

图 2-77　　　　　　　　　　　　　　　　　图 2-78

图 2-79

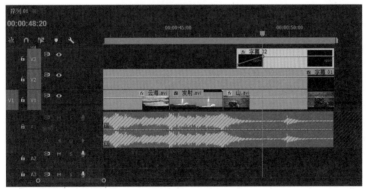

图 2-80

18　在视频过渡选项组中，选择【溶解】特效组中的【渐变为黑色】特效并拖曳到视频轨道 V1
上的最后一个片段的末端，并调整过渡效果的时间长度，如图 2-81 所示。

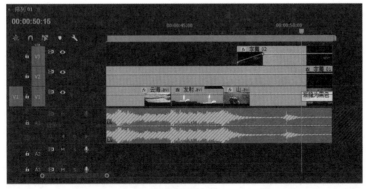

图 2-81

19　至此，整个广告剪辑完成，保存工程文件，后面还要针对每个片段进行颜色的校正。

第3章

后期数字合成

　　后期数字合成是指将两个以上的数字视频图像通过各种处理手段和方法合并为单个的数字视频图像的过程。对视频图像进行处理的手段是指对实际拍摄所得的素材进行后期制作，方法有很多，包括视频图像的后期校色、集合变换、动画、抠像合成、运动跟踪等。但视频图像本身属于影视艺术的范畴，这个过程中既包含技术手段，又包含了艺术选择，因此合成师不仅对合成过程的技术和艺术两个方面都要有比较深入的理解，而且还要学会如何将技术和艺术有机地融合在一起，使其相互促进，相互作用，这样合成的作品才能有艺术感和美感。

3.1 后期校色

3.1.1 后期校色的必要性

色彩是影视画面的重要造型元素，是影视工作者审美情趣和主观意识的集中表现。色彩可以直接作用于观众的视觉心理，在画面中显示强烈的冲击力和影响力。在影视后期特效的设计和制作中，影视工作者必须具有较强的色彩构成意识和色彩表现意识，掌握将色彩从一般视觉生理体验上升到心理审美高度的技巧，通过对色彩的选择、调整和组合，使画面具有和谐的美感和丰富的内涵，也就是说，在对色彩进行处理时，影视工作者通过对客观色彩进行主观性的概括与强化或创造性的运用，将自己的创作意图融入其中，来表达情绪、创造意境、形成风格，引起观众的情感共鸣，以及与影视作品情节、风格相对应的心理感受。

影视作品中的色彩基调是指影片整体所表现出的色彩构成总体倾向或在一个段落中占主导地位的色彩。在影视后期特效中，对色彩基调的处理是否正确，取决于影视工作者对作品的情节理解和风格把握，并在此基础上通过对画面色彩的控制，塑造形象、烘托主体和表达感情，给观众以强烈的感染力和鲜明的视觉印象。

影视作品中丰富多彩的色光都是由红、绿、蓝三色搭配构成，色彩能够表达情感，这是无可辩驳的事实。专家学者就色彩对人的心理影响进行了大量研究，得出了以下结论。

▶ 红色，代表生命、真诚、热情、兴奋、炽热、太阳、凝聚、火焰、奋进、积极、吉祥、警示、危险、革命、战争。

▶ 橙色，代表热情、温和、喜庆、晨光、轻松、嫉妒、权力、诱惑。

▶ 黄色，代表富贵、荣耀、地位、皇室、光辉、快乐、疑惑、轻薄、统治。

▶ 绿色，代表春季、青春、鲜活、生机、安全、平静、和平、希望、神秘、嫉妒、阴冷。

▶ 青色，代表深远、淡雅、独立、沉稳、冷漠、消极、寒冷。

▶ 蓝色，代表深邃、太空、无限、幽静、透视、空间、安适、冷静、凄凉。

▶ 紫色，代表华贵、严肃、神秘、娴静、柔和、庄严、沉稳、幽婉。

▶ 黑色，代表沉默、肃穆、神秘、悲哀、恐惧、死亡、黑夜、诡异、阴郁、压抑。

▶ 白色，代表纯洁、快乐、明快、淡雅、冷清、寒雪。

▶ 灰色，代表和谐、稳定、静止、忧郁、平常、中性。

在艺术世界里，色彩是视觉审美的一个重要部分，视觉艺术一直把色彩放在创作和审美的中心。摄影机更是直接面对自然界和人类社会，在展示和弘扬真、善、美的同时，追问人生的意义，今天的彩色电影中的色彩已经不仅仅是影片中生活环境的自然元素和情绪的直接反应，在有追求的导演手中，色彩被赋予了更多的表现性和象征性。

在电影《辛德勒的名单》中，当穿着红衣服的天使一样的小姑娘出现在黑白画面中时，不仅造成了视觉上的强烈震撼，表现出导演对法西斯战争的极端憎恨，同时深深震撼着辛德勒的灵魂，让他义无反顾地投身于对犹太人的营救中。

色彩的象征意义和感情倾向是建立在普遍的视觉规律之上的，影视后期工作者需要结合具体的表现内容、表现对象、情节发展以及时代特征、特定环境进行色彩的设计，如果能够巧妙运用各种方法并结合作品主题和风格样式，通过对色彩的象征性设计来表达自己的观念，将会给观众带来无限的想象空间和丰富的作品内涵。

3.1.2 常用校色工具

形成作品色彩基调的方法有以下两种：一是在拍摄或制作时，通过控制各种视觉元素的颜色，使画面呈现出总的色彩倾向；二是利用特效软件来调节画面颜色，在影视后期特效中对色彩的调节很多时候是在合成时完成的，对于实拍的素材更是如此。

影视后期制作时对色彩调节的随意和自由，给影视工作者提供了无限的创作空间，使画面表现出人为的带有工业特征的色彩倾向。

下面就以 After Effects CC 2017 为主，讲解后期校色的常用工具和方法。

① 曲线工具

该工具为色彩调整之王，神通广大，变幻无穷。

实践 01：曲线工具的使用

1 将素材导入到时间线，选择菜单【效果】|【颜色校正】|【曲线】命令，添加【曲线】滤镜，如图 3-1 所示。

2 在使用曲线调整功能之前，先简单介绍一下曲线工具的原理。图像大致分为三个部分：暗调、中间调和高光。可以使用"去色"命令将彩色图像转化为灰度图像，这样就可看到明暗的分布：天空部分属于高光，船为暗调，如图 3-2 所示。

3 在曲线面板中那条直线的两个端点分别表示图像的高光区域和暗调区域，直线的其余部分统称为中间调，两个端点可以分别调整，如图 3-3 所示。

图 3-1　　　　　　　　　　　　图 3-2　　　　　　　　　　　　图 3-3

4 下面两幅图演示了单独改变暗调点和高光点的效果，其结果是暗调或高光部分加亮或减暗，如图 3-4 所示。

图 3-4

5 改变中间调可以使图像整体加亮或减暗（在线条中单击即可产生拖动点），但是明暗对比没有改变（不同于电视机的亮度增加），同时色彩的饱和度也增加，可以用来模拟自然环境光强弱的效果，如图 3-5 所示。

图 3-5

6 现在适当降低暗调和提亮高光，可以得到明暗对比较强烈的图像（所谓的高反差），如图 3-6

所示。

7　这样做可能让较亮区域的图像细节丢失（如天空部分的云彩），同时这也不符合自然现象，此时可以通过改变曲线中间调的方法来创建逼真的自然景观，如图 3-7 所示。

图 3-6　　　　　　　　　　　　　　　　　　图 3-7

前面是整体调整过程，现在来看一下单独对通道调整的效果。所谓通道是指单独的红、绿、蓝部分，又称 RGB。如果要单独加亮红色通道，相当于增加整幅图像中红色的成分，结果整幅图像将偏红。如果要单独减暗红色通道，结果图像将偏青，青与红是反转色（又称互补色），红和绿、黄和蓝也是反转色。反转色相互之间是此消彼长的关系：要加亮黄色，则减暗蓝色；要加亮粉红，则减暗绿色；要加亮金黄（金黄由红和黄组成），则需要同时加亮红色和减暗蓝色。

8　现在试着用曲线将天空部分的色彩改为金黄色。由于天空属于高光区域，所以要加亮红色通道的高光部分，同时减暗蓝色通道的高光部分，这样就得到了金黄色的天空效果，如图 3-8 所示。

图 3-8

9　这样的效果虽然绚丽，但仔细看远处的青山也变成了黄色，山体应该属于中间调部分，所以在红色和蓝色通道中将中间调保持在原来的地方。这样就得到了金黄的天空，同时也保留了远处山体的青色，效果非常不错，如图 3-9 所示。

图 3-9

② 色阶工具

使用该工具时，拉动三个滑标，足以解决大部分问题。

实践 02：色阶工具的使用

1　将素材导入到时间线，选择菜单【效果】|【调整】|【色阶】命令，添加【色阶】滤镜，如图 3-10 所示。

2　从色阶命令中可以看出，图片的暗部区域和亮部区域都没有色彩信息，所以图片比较灰暗，如图 3-11 所示。

③ 调节色阶，提高亮度和对比度，如图 3-12 所示。

图 3-10

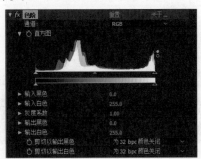
图 3-11

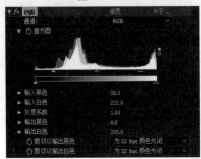
图 3-12

下面再使用这种方法调整严重偏色的图像，如图 3-13 所示。

实践 03：色阶工具调整严重偏色的图像

① 添加【色阶】滤镜，通过色阶可以看出，图片暗部区域缺乏色彩信息，如图 3-14 所示。

图 3-13

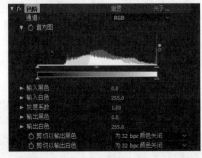
图 3-14

② 进行初步的调节，加强暗部，如图 3-15 所示。

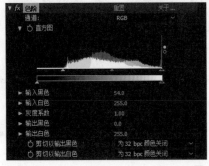
图 3-15

③ 再依次调节红、绿、蓝通道，如图 3-16 所示。

3 色相、饱和度和色彩平衡

调色问题是所有影视后期制作人员要面对的。不同的色调可以产生不同的味道，为什么别人就能很准确地把握住自己想表达的效果，并以最适当的色调体现出来呢？这要求每一个初学者必须吃透调色的原理。

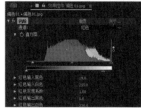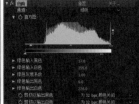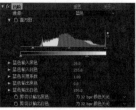

图 3-16

在大家对色彩调整还不甚了解的情况下，我们就接触过这个色彩调整方式。它主要用来改变图像的色相，例如将红色变为蓝色、将绿色变为紫色等。例如下面使用的花卉照片，如图 3-17 所示。

实践 04：色调的调整技巧

1 打开设置框，拉动色相的滑杆可以改变色相，现在注意下方有两个色相色谱，其中上方的色谱是固定的，下方的色谱会随着色相滑杆的移动而改变。这两个色谱的状态其实就是在告诉我们色相改变的结果，如图 3-18 所示。

2 观察两个方框内的色相色谱变化情况，在改变前红色对应红色，绿色对应绿色。在改变之后红色对应到了绿色，绿色对应到了蓝色。这就是告诉我们图像中相应颜色区域的改变效果。如图 3-19 所示，图中红色的花变为了绿色，绿色的树叶变为了蓝色。

图 3-17

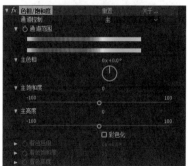

图 3-18

3 饱和度用于控制图像色彩的浓淡程度，类似电视机中的色彩调节。改变的同时下方的色谱也会跟着改变。调至最低的时候图像就变为灰度图像了。对灰度图像改变色相是没有作用的，如图 3-20 所示。

4 明度就是亮度，类似电视机中的亮度调整。如果将明度调至最低会得到黑色，调至最高会得到白色。对黑色和白色改变色相或饱和度都没有效果。

5 在设置框右下角有一个"着色"选项，它的作用是将画面改为同一种颜色的效果。有许多数码婚纱摄影中常用到这样的效果。这仅仅是单击一下"着色"选项，然后拉动色相改变颜色这么简单而已。"着色"是一种"单色代替彩色"的操作，并保留原先的像素明暗度。将原先图像中明暗不同的红色、黄色、紫色等，统一变为明暗不同的单一色。注意观察位于下方的色谱变为了棕色，意味着此时棕色代替了全色相，那么图像现在应该整体呈现棕色，如图 3-21 所示。

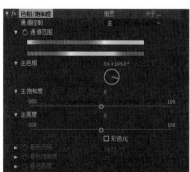

图 3-19

[6] 拉动色相滑杆可以选择不同的单色，也可以同时调整饱和度和明度，如图 3-22 所示。

[7] 现在要求将画面中红色的花变为蓝色。在上方的通道控制选项中选择红色，下方的色谱会出现一个区域指示，只有在那个范围内的色谱发生了改变，如图 3-23 所示。

图 3-20

  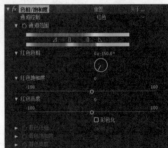

图 3-21　　　　　　　　图 3-22　　　　　　　　图 3-23

 提示

辐射色域的变色效果，是由中心色域边界开始，向两边逐渐减弱的，如果某些色彩改变的效果不明显，可以扩大中心或辐射色域的范围。

(4) 修复偏色严重的照片

在进行操作之前，先观察偏色照片的偏色程度和所偏的颜色，然后用调色工具选择相应的通道进行调整，如果一步调不好可以多调几次，如图 3-24 所示。

实践 05：修复偏色严重的照片

[1] 创建色阶调整图层，查看其直方图，如图 3-25 所示。

[2] 对红和蓝色通道的色阶进行调整，如图 3-26 所示。

[3] 创建色彩平衡调整暗部偏色，观察图像，暗部有点偏黄和绿，利用【颜色平衡】进行调整，如图 3-27 所示。

[4] 最后使用【曲线】滤镜调整亮度和对比度，如图 3-28 所示。

图 3-24

除了使用基本的工具调整色彩之外，在后期经常需要使用一些插件，例如 Color Finesse 和 Magic Bullet Looks 等。

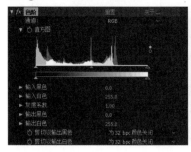 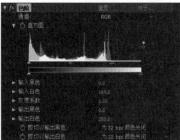 

图 3-25

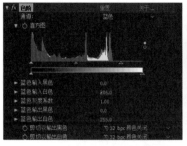 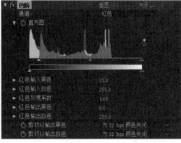 

图 3-26

 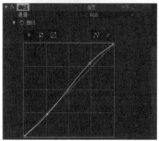

图 3-27　　　　　　　　　　　　　　　　　图 3-28

下面首先介绍插件的使用方法。

实践 06：Color Finesse 插件的使用

1 导入素材到时间线，然后添加 Color Finesse 滤镜，出现该滤镜的欢迎界面，如图 3-29 所示。

图 3-29

2 展开 Simplified Interface 选项组，可以直接调整颜色轮、编辑曲线等，如图 3-30 所示。

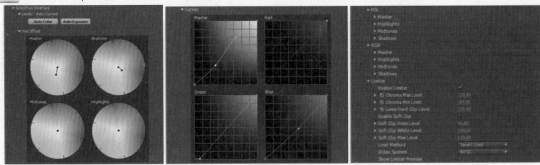

图 3-30

3 单击 Full Interface 按钮，进入完全工作界面，有更多更复杂的参数项，如图 3-31 所示。

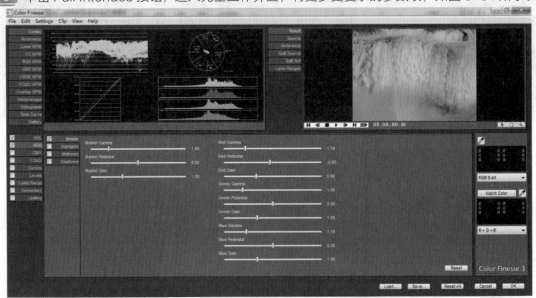

图 3-31

4 系统也提供了很多预设的模板，更方便人们使用。在滤镜控制面板中单击 Load Preset 按钮，如图 3-32 所示。

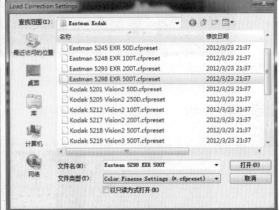

图 3-32

5 加载了预设之后，在完全界面中可以一直查看效果以及调整参数，如图 3-33 所示。

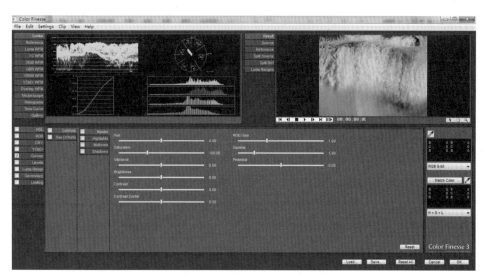

图 3-33

6 为了方便不同预设之间效果的比较，单击左上端的 Gallery 按钮，从这里加载预设，同时预览效果，方便选择，如图 3-34 所示。

7 选择合适的预设后，单击 OK 按钮，再查看合成预览效果，对比源素材，如图 3-35 所示。

图 3-34

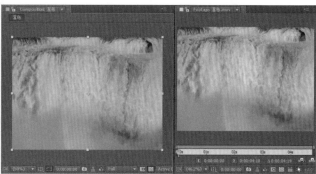

图 3-35

Magic Bullet 插件组中包含了多种处理素材的滤镜，包括降噪、校色等，其中常用于校色的是 Looks。

实践 07：Magic Bullet 插件的使用

1 添加 Magic Bullet Looks 滤镜，查看滤镜控制面板，如图 3-36 所示。

2 展开 Power Mask 选项组，如图 3-37 所示。

图 3-36

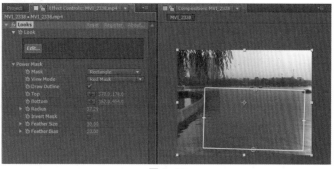

图 3-37

3 单击 Edit 按钮，打开 Magic Bullet Looks 的编辑面板，如图 3-38 所示。

图 3-38

4 拖动光标靠近左边缘，弹出预设库，如图 3-39 所示。

图 3-39

5 选择合适的预设，单击 Finished 按钮，关闭 Looks 工作界面，查看合成预览效果，如图 3-40 所示。

图 3-40

3.1.3 校色综合实践——户外广告

本节接着进行户外广告片的校色，主要应用曲线、色阶和图层混合等基本校色方法，可以将

Premiere Pro CC 的工程文件导入 After Effects CC 2017 中，也可以直接在 Premiere Pro CC 中进行。

1　启动 Premiere Pro CC 2017 软件，打开前面保存的工程文件"精剪 .proppj"。

2　查看第 2 个片段，发现与前面的片段颜色差异太大，如图 3-41 所示。

3　现在需要从冷调转变成暖调。选择该片段，添加【RGB 曲线】滤镜，调整曲线，如图 3-42 所示。

4　添加【纯色合成】滤镜，调整固态层的颜色和混合模式，如图 3-43 所示。

5　选择第 3 个片段"火"，添加【纯色合成】滤镜，调整固态层混合的颜色、模式和不透明度，如图 3-44 所示。

6　设置不透明度的关键帧，在片段的起点数值为 60%，片段的终点为 0，由暖调逐渐转变为冷调，如图 3-45 所示。

图 3-41

图 3-42

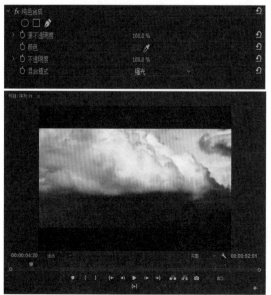

图 3-43

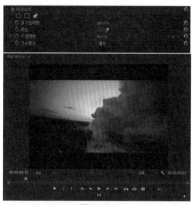

图 3-44

图 3-45

7 拖曳时间线指针，查看片段"火"的色调变化，如图 3-46 所示。

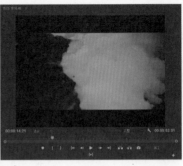

图 3-46

8 第 4 个片段"融化"在色调上不需要太大的调整，主要是调整亮度和对比度。添加【RGB 曲线】滤镜，调整曲线形状，如图 3-47 所示。

9 对第 5 个片段"瀑布"的色调进行简单的调整，添加【颜色平衡】滤镜，减少红色，稍增加蓝色，如图 3-48 所示。

10 第 6 个片段"太阳"在色调上与前面差异过大，降低暖调的成分，转变为偏冷调。添加【颜色平衡 (HLS)】滤镜，减少红色，如图 3-49 所示。

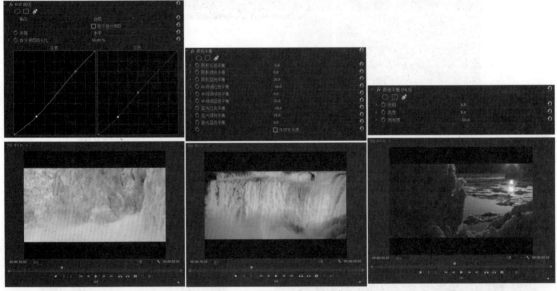

图 3-47   图 3-48   图 3-49

11 添加【纯色合成】滤镜，叠加浅蓝色，如图 3-50 所示。

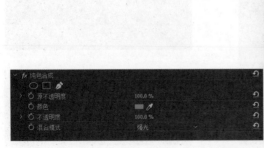

图 3-50

12　添加【亮度曲线】滤镜，调整曲线形状，如图 3-51 所示。

13　第 7 个片段"风光"在色调上不需要太大的调整，主要是调整亮度和对比度，添加【RGB 曲线】滤镜，调整曲线形状，如图 3-52 所示。

14　第 8 个片段"飞翔"在色调上与前面有些差异，增加冷调的成分。添加【颜色平衡 (RGB)】滤镜，减少红色，增加蓝色，如图 3-53 所示。

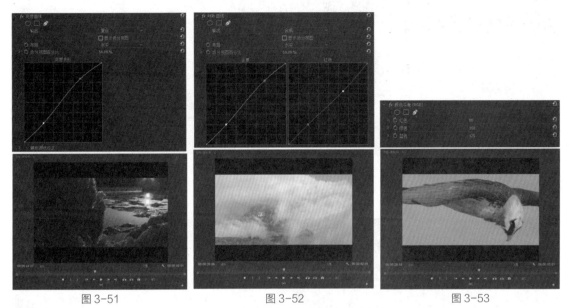

图 3-51　　　　　　　　　　　图 3-52　　　　　　　　　　　图 3-53

15　添加【RGB 曲线】滤镜，调整曲线形状，调整亮度和对比度，如图 3-54 所示。

16　选择最后一个片段"山"，红色的成分过大，与前面的片段"发射"差异过大，如图 3-55 所示。

17　添加【颜色平衡 (HLS)】滤镜，调整色相参数，如图 3-56 所示。

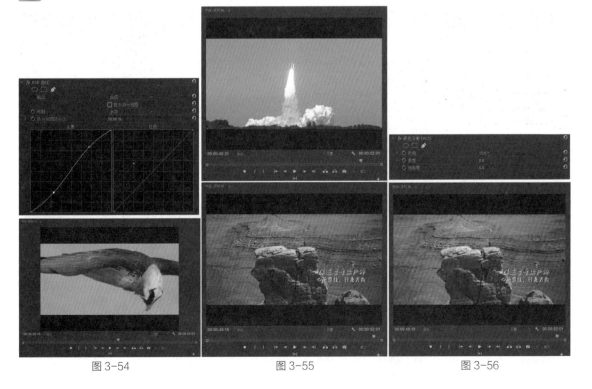

图 3-54　　　　　　　　　　　图 3-55　　　　　　　　　　　图 3-56

18 添加【纯色合成】滤镜，叠加浅蓝色，如图 3-57 所示。

19 添加【RGB 曲线】滤镜，调整曲线形状，以调节亮度和对比度，如图 3-58 所示。

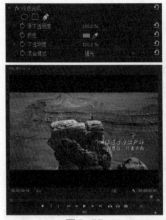 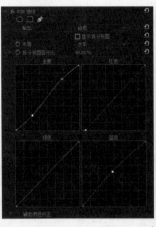 

图 3-57   图 3-58

20 至此整个影片制作完成。按回车键，预渲染全部非实时片段，在时间线顶端红色线变成绿色线，如图 3-59 所示。

图 3-59

21 单击播放按钮 ▶ ，查看最终的影片效果，如图 3-60 所示。

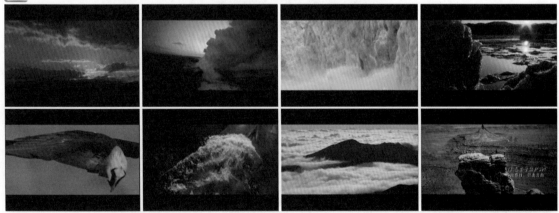

图 3-60

3.2 抠像

"抠像"即"键控技术"，在影视制作领域是被广泛采用的技术手段，实现方法也普遍被人们了解一些——当观众看到演员在绿色或蓝色构成的背景前表演，但这些背景在最终的影片中是见不到的，这就是运用了键控技术，用其他背景画面替换了蓝色或绿色，这就是"抠像"。

3.2.1　抠像技术特性

抠像通俗地讲就是利用软件将视频素材中的人物保留，把背景替换成其他需要的背景，而具体的方法需要拍摄前准备和后期用软件处理，一般是将整个视频素材画面中的某种颜色透明化，然后再合成到准备好的背影素材中。拍摄前的准备是主要让主角在一个相对简单的背景下完成动作，当然比较理想的是在纯蓝色或绿色的背景下完成。之所以使用纯蓝色或绿色，是因为人的皮肤颜色与纯蓝色或绿色相差较大，如图 3-61 所示。

具体到抠像制作，其后期合成步骤一般如下。

图 3-61

01 通常拍摄的蓝幕或绿幕背景色彩都不均匀，这种情况下即使反复调整抠像插件的参数也很难达到理想的抠像效果，所以进行抠像之前应该先使用颜色调整工具来校正背景色彩，有时甚至还需要添加遮罩来处理抠像插件无法处理的区域。

02 在后期合成软件中将前景素材叠加在背景素材之上，调整好前景和背景素材的位置，并给前景素材应用一个抠像工具。

03 调整抠像工具的参数，从前景中选取要被抠除的颜色。该颜色的所有像素在前景素材中就变成了透明部分，这样需要的前景对象便叠加到了背景素材上。

如果所需前景图像的某些像素没被抠掉的话，此时就需要在前景图像中对更多的像素进行取样并将它们添加到抠除的范围内。为了避免抠出来的前景对象边缘出现锯齿和硬边，通常还需要加入边缘羽化值，使抠像边缘呈现一定的柔和度。

目前常见的抠像方法如下。

▶ 色度抠像 (Chroma Key)：色度抠像又称色度键，是基于 RGB 模式的抠像技术。其原理最接近于最初的蓝屏幕技术，即通过前景和背景的颜色差异将背景从画面中去除并完成替换。

▶ 亮度抠像 (Luma Key)：亮度抠像一般用于画面上有明显的亮度差异的镜头抠像，是基于 Alpha 通道的抠像技术。对于明暗反差很大的图像，我们可以应用这种抠像技术使背景透明。例如明亮天空背景下拍摄的画面，就可利用亮度抠像将天空去除，替换成想要的动态天空素材进行再编辑。

▶ 差值抠像 (Difference Key)：差值抠像比较特殊，其原理是通过寻找两段同机位拍摄的画面的差别并将其保留，而将没有差别画面作为背景画面去除。其基本思想是，先把前景物体和背景一起拍摄下来，然后保持机位不变，去掉前景物体，单独拍摄背景。这样拍摄下来的两个画面相比较，在理想状态下，背景部分是完全相同的，而前景出现的部分则是不同的，这些不同的部分就是需要保留的 Alpha 通道。一般这种抠像方式主要用于无法运用蓝屏幕抠像的场景。

3.2.2　常用的抠像工具

"抠像"的意思是吸取画面中的某一种颜色作为透明色，将它从画面中抠去，从而使背景透出来，这样在蓝幕或绿幕前拍摄的人物与各种景物叠加在一起，形成神奇的艺术效果。

在 After Effects 中，实现键控的工具都在特技效果中，完整版的 After Effects CC 2017 内置了颜色差值键、线性颜色键、差值遮罩、颜色范围键、提取键、内部 / 外部键以及高级抠像器 Keylight。

首先以颜色范围键为例介绍一下内置键控滤镜的用法，后面重点讲解高级抠像器 Keylight 和 Primatte Keyer 的使用技巧。

1 颜色范围键

通过键出指定的颜色范围产生透明，可以应用的色彩空间包括 Lab、YUV 和 RGB。这种键控方式可以应用在背景包含多个颜色、背景亮度不均匀和包含相同颜色的阴影（如玻璃、烟雾等）。
滤镜面板如图 3-62 所示。

▶ 预览视图：用于显示蒙版情况的略图。

▶ 键控滴管：用于在蒙版视图选择键控色。

▶ 加滴管：增加键控色的颜色范围。

▶ 减滴管：减少键控色的颜色范围。

▶ 模糊：用于调整边缘柔化度。

▶ 色彩空间：有 Lab、YUV 和 RGB 可供选择。

▶ 最小值 / 最大值：精确调整颜色空间参数 L、Y、R，a、U、
G 和 b、V、B 代表颜色空间的三个分量。

▶ 数值滑块：调整颜色范围。

②　溢出抑制器

　　溢出抑制器可以去除键控后的图像边缘残留的键控色的痕
迹。这些溢出的键控色常常是由于背景的反射造成的。该滤镜
控制面板如图 3-63 所示。

▶ 要抑制的颜色：用于设置"溢出颜色"。使用滴管在应用键
控效果后的图像边缘单击取色或增减取色范围。

图 3-62

▶ 抑制：用于设置抑制程度。

　　如果需要进一步处理抠像的边缘，可以使用简单阻塞工具和遮罩阻塞工具进行精细调整，如
图 3-64 所示。

　　下面把单色的背景换成需要的背景图像，查看一下合成的效果，如图 3-65 所示。

图 3-63　　　　　　　　　　　图 3-64　　　　　　　　　　　图 3-65

　　对于不同的实际情况，应该选择适当的键控方法，以得到满意的效果。对复杂的键控处理，
可能要用到不同的键控才能得到满意的结果，可以组合两个或者更多的键控和遮罩。通过效果开
关应用或不应用效果，观察和对比键控效果。

　　正是因为抠像素材背景的不确定性带来的难度，有很多的抠像插件发挥了很大的作用，下面
接下来重点介绍 Keylight(1.2) 和 Primatte Keyer 这两个插件。

③　Keylight(1.2)

　　Keylight 是一个屡获殊荣并经过产品验证的蓝绿屏幕抠像工具，易于使用，非常擅长处理反射、
半透明区域和头发。After Effects CC 2017 已经内置了这个高级抠像器，控制面板如图 3-66 所示。

　　使用 Keylight 进行抠像的工作流程如下。

实践 08：使用 Keylight 抠像

1 选择素材，添加 Keylight 滤镜，单击吸管 ，拾取要抠除的颜色，如图 3-67 所示。

图 3-66　　　　　　　　　　　　　　　　　图 3-67

2 选择【查看】的模式为【状态】，然后调整参数，如图 3-68 所示。

3 选择【查看】的模式为【屏幕遮罩】，查看抠像遮罩并调整参数，如图 3-69 所示。

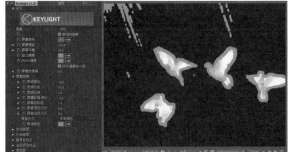

图 3-68　　　　　　　　　　　　　　　　　图 3-69

4 选择钢笔工具，绘制一个遮罩，展开【外部遮罩】选项组，设置参数，将左上角不均匀的背景排除掉，如图 3-70 所示。

5 选择【查看】的模式为【最终结果】，查看合成效果，如图 3-71 所示。

6 单击合成预览窗口底部的按钮 ，关闭遮罩显示。

7 展开【前景色校正】选项组，调整颜色，如图 3-72 所示。

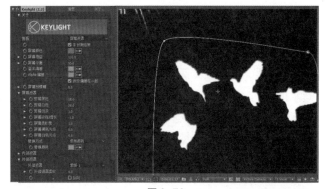

图 3-70

图 3-71　　　　　　　　　　　　　　　　　图 3-72

8 也可以调整边缘的颜色，如图 3-73 所示。

图 3-73

4 Primatte Keyer

Primatte Keyer 是高级抠像插件，控制面板如图 3-74 所示。

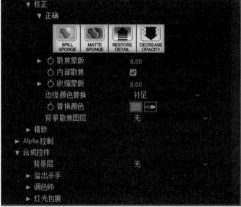

图 3-74

使用 Primatte Keyer 进行抠像的工作流程如下。

实践 09：使用 Primatte Keyer 高级抠像

1 首先导入一段蓝背景视频，这是一段海龟在水下的视频，并非专门拍摄的抠像素材，如图 3-75 所示。

2 添加 Primatte Keyer 滤镜，单击按钮 ■，在合成预览窗口中选择海龟周围的蓝色，如图 3-76 所示。

图 3-75   图 3-76

3 单击按钮 ■，选择海龟身上需要保护不被抠出的区域，如图 3-77 所示。

4 多次在需要保护的区域绘画，就可以把完整的海龟区域进行保护，如图 3-78 所示。

图 3-77   图 3-78

5 选择【视图】的模式为【蒙版】，可以更清晰地检查抠像的蒙版效果，如图 3-79 所示。

6 单击按钮 ，在海龟周围的区域绘制，消除所有的灰色杂点，确定要抠出的区域，单击按钮 ，在海龟身体区域继续绘制，直到海龟身体区域为白色，之外的区域为黑色，如图 3-80 所示。

图 3-79 图 3-80

7 当然还有很多可控制的选项，可以进行更为细致的调整。在此选择【视图】的模式为【合成】，查看合成的效果，如图 3-81 所示。

图 3-81

前面讲解的都是蓝幕或绿幕背景素材的抠像，在后期制作中还会遇到在个别杂乱背景的情况下替换前景的问题。一般有两种常用的解决办法，一个是动态遮罩，一个是高版本 After Effects 中强大的 Roto 笔刷工具 ，这是从 CS5 版本以后新增的强大的绘画工具，可以将前景从复杂的背景中分离出来。下面就讲解一下 Roto 笔刷工具的使用技巧。

实践 10：Roto 笔刷工具的使用

1 首先导入一段实拍素材"文文 .avi"，然后从项目窗口中将该素材图标拖曳到底部的合成图标 上，将自动根据原素材创建一个新的合成。

2 拖曳当前指针到合成的起点，在时间线面板中双击该图层，打开图层视图，然后选择 Roto 笔刷工具 ，在视图中需要保留的区域中单击，如图 3-82 所示。

3 按住 Ctrl 键并拖动鼠标以调整笔刷的大小，在需要保留的图像范围内绘制笔刷，停止绘画，可以看见围绕人物轮廓的选区，如图 3-83 所示。

图 3-82 图 3-83

4 如果选区不够完整，可以继续绘制笔刷，直到包围需要的轮廓，如图 3-84 所示。

5 按住 Alt 键在背景区域绘制笔刷，如图 3-85 所示。

6 放大视图，添加未被框选的区域，这时一般需要比较小的笔刷，这也是重要而细致的工作，如图 3-86 所示。

7 按 Page Down 或 Page Up 键向前一帧或向后一帧，开始运算，一旦发现抠图轮廓出现问题，可以及时绘制笔刷进行修补，如图 3-87 所示。

图 3-84

图 3-85

图 3-86

8 运算完毕后，可以拖动指针查看抠图的效果，也可以查看透明模式、蒙版模式或通道模式，如图 3-88 所示。

图 3-87

图 3-88

9 在【Roto 笔刷和调整边缘】控制面板中，展开【Roto 笔刷传播】选项组，勾选【查看搜索区域】选项，如图 3-89 所示。

10 展开【Roto 笔刷遮罩】选项组，尝试减小【羽化】项的数值，例如设置为 3，【对比度】为 50%，设置【移动边缘】项的数值为 20%，按 Alt+4 组合键切换 Alpha 显示模式，查看通道，如图 3-90 所示。

11 勾选【使用运动模糊】选项，展开【运动模糊】选项组，增加【每帧样本】的数值到 16，查看通道边缘，发现改善很多，如图 3-91 所示。

图 3-89

图 3-90

图 3-91

12 勾选【净化边缘颜色】选项，展开【净化】选项组，勾选【查看净化图】选项，调整【增加净化半径】参数的值，比如到 5，查看视图如图 3-92 所示。

13 取消勾选【查看净化图】选项，查看抠图的结果，如图 3-93 所示。

14 导入一张风景图片，就可以更换背景了。查看合成预览效果，如图 3-94 所示。

图 3-92

图 3-93

图 3-94

3.2.3　抠像综合实践——3D 电视广告（一）

　　这个实例是 3D 电视广告片中的一部分，主要是一个体操运动员在电视屏幕上表演，但手中的彩带可以穿梭于屏幕的里面和电视机的外面，由此呈现出立体空间感。最终的合成效果如图 3-95 所示。

图 3-95

1　启动 After Effects CC 2017 软件，新建一个合成，命名为"抠像"，选择预设"PAL D1/DV"，设置时间长度为 4 秒。

2　导入素材"飘带 01.avi"，拖曳到时间线上。

3　导入合成"液晶电视屏"，拖曳到图层"飘带 01"的上一层，如图 3-96 所示。

4　在时间线面板中复制图层"飘带 01"，选择上面的图层"飘带 01"，选择菜单【图层】|【时间】|【启用时间重映射】命令，只保留一个关键帧，调整数值为 1 秒 14 帧。

5　双击该图层，打开图层视图，选择画笔图章工具，复制部分图像，遮住女孩的腿部，如图 3-97 所示。

图 3-96　　　　　　　　　　　　　　　　　　　图 3-97

6　在效果控件面板中勾选【在透明背景上绘画】选项。

7　接下来的任务是彩带要飘扬到屏幕的前面。两次复制底层"飘带 01"，然后将这两个图层拖曳到图层"液晶电视屏"之上。

8　选择顶层的"飘带 01"，激活 Solo 属性，只显示该图层。添加 Keylight(1.2) 滤镜，准备提取红色飘带的通道。

9　单击【屏幕颜色】右侧的吸管，在合成窗口中拾取彩带的颜色。在滤镜面板中选择【预览】为【状态】选项，调整抠像参数，如图 3-98 所示。

10　选择【预览】为【屏幕遮罩】选项，为了更好地检查抠像的效果，可以将素材视图与合成视图并列，方便对比，如图 3-99 所示。

11　选择第二层"飘带 01"，选择轨道蒙版模式为【亮度反转遮罩】，查看合成预览效果，如图 3-100 所示。

12　并列显示合成视图和图层"飘带 01"的抠像视图。拖曳时间线指针，查看对比效果，如图 3-101 所示。

图 3-98

图 3-99   图 3-100

图 3-101

13 我们重点要查看彩带与电视屏幕框交叠的区域，如果提取的彩带不够完整，可以适当增大 Keylight 滤镜面板【屏幕遮罩】组中的【反转修剪】数值，比如数值为 3。查看合成预览效果，如图 3-102 所示。

图 3-102

14 选择矩形工具■，参照电视屏幕的尺寸绘制一个矩形，填充颜色为灰色，拖曳该图层到图层"液晶电视屏"的下一层，如图 3-103 所示。

15 为该图层添加【CC 光线扫射】滤镜，设置参数，如图 3-104 所示。

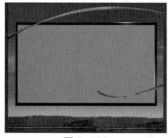  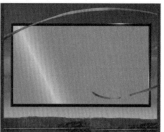

图 3-103　　　　　　　　　　　　　　　　图 3-104

16　设置该图层的混合模式为【叠加】，查看合成预览效果，如图 3-105 所示。

17　新建一个调节图层，调整尺寸，与电视屏幕大小相一致。添加【曲线】滤镜，调整曲线形状，调高亮度和对比度，这样就把电视屏幕和电视机外面的背景区分开了，如图 3-106 所示。

 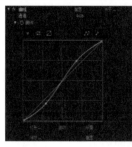 

图 3-105　　　　　　　　　　　　　　　　图 3-106

18　单击播放按钮，查看第一段经过抠像处理的彩带飘扬视频，如图 3-107 所示。

图 3-107

19　导入第二段视频"美女近景 .avi"，拖曳到时间线上矩形图层的下一层，入点为 1 秒 14 帧。

20　选择矩形工具，参照电视屏幕框绘制一个遮罩，如图 3-108 所示。

21　新建一个纯色图层，放置于图层"美女近景"的下一层，添加【梯度渐变】滤镜，设置参数，如图 3-109 所示。

图 3-108　　　　　　　　　　　　　　　　图 3-109

22　两次复制图层"美女近景"，放置于调节图层之上。选择顶层的"美女近景"，添加 Keylight(1.2) 滤镜，在合成视图中吸取彩带的颜色。

23　选择【预览】选项为【屏幕遮罩】，设置抠像参数，如图 3-110 所示。

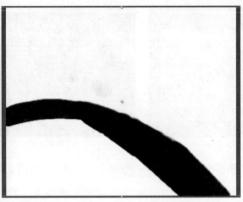

图 3-110

24 选择下一层的"美女近景",设置蒙版模式为【亮度反转遮罩】。查看合成预览效果,可以看到彩带已经飘到电视屏幕的外面,而人物却是在电视屏幕里面的,如图 3-111 所示。

25 采用同样的方法处理第三段视频"飘带 02"。查看合成效果,如图 3-112 所示。

图 3-111　　　　　　　　　　　　　　图 3-112

26 至此三段抠像处理的素材已经完成了,保存工程文件,这也是后面的广告实例"3D 电视"中的一部分。

27 单击播放按钮 ▶ ,查看合成预览效果,如图 3-113 所示。

图 3-113

3.3 运动跟踪

运动跟踪技术 (Tracking) 是影视后期合成中比较常用的一种技术。例如将一条广告"贴"在一辆行驶中的公共汽车的一侧,使之与公共汽车一起运动,这样看起来好像广告原本就是在公共汽车的外壳上一样,如图 3-114 所示。

运动跟踪技术不但可以"跟踪"运动场景中的物体,还可以用来分析镜头的运动并创建一个近似的摄像机，使后期添加的物体随场景一起运动，有时也会利用跟踪数据来抵消不必要的抖动，实现拍摄素材的稳定。

图 3-114

3.3.1　运动跟踪概述

运动跟踪一般会遵循这样的一个技术流程：首先，选择画面（跟踪图层）上的某个"特征区域"作为跟踪的对象，即"跟踪点"，由计算机对跟踪图层的一系列图像进行自动分析与识别；被选中的"特征区域"随着时间推移，其位置会发生改变，而整个运动跟踪过程所得到的分析与运算的结果就是跟踪点的运动轨迹，其表现形式为与图片序列相对应的一系列位移偏移值数据。依据这些位移数据，就可以将图层、粒子特效与绘图跟踪到跟踪图层的目标跟踪点上，使其与目标跟踪点"统一行动听指挥"了。

使用者可以在合成软件中指定一个特定的矩形区域作为特征区域（跟踪点），利于合成软件的分析识别，方便搜索查找关键点。为了达到"跟踪"的目的，这个特征区域应该满足下面这样一些条件。

▶ 区域内的画面部分要有明显的颜色或者亮度上的差异。

▶ 区域内的物体在跟踪过程中其形状没有明显的变化。

▶ 区域内的物体没有长时间被其他物体遮盖的情况（最好不被覆盖）。

此外，合成软件还会让使用者指定一个额外的区域作为搜索区域。区别于特征区域，搜索区域的范围比特征区域要大。因为在理论上搜索区域应该包含特征区域在下一帧的画面上出现所划定的范围。每一帧结束后，合成软件就会自动在其下一帧的搜索区域内搜索查找特征区域的位置，并与前一帧的分析结果进行比对计算，得到一个位移的偏移量，继而根据特征区域的新位置，自动设置新的搜索区域，以便查找再下一帧的特征区域。

运动跟踪最简单的情况是"一点跟踪"，即只利用一个特征区域进行跟踪和稳定操作。这种一点跟踪模式只能够得到物体在运动过程中的相对位移信息。但是在实际拍摄中摄像机镜头的运动方式拥有更多不确定因素，而不可能是理想的简单运动方式。例如镜头的移动会造成画面的抖动，镜头的推拉和变焦操作会导致图像的大小改变与模糊，镜头的转动会导致画面旋转等，镜头的运动还会造成画面透视感变化。目前功能比较强劲的合成软件都能够很好地支持使用"多点跟踪"，合成软件通过对大量跟踪点的运动信息进行分析与计算，就可以比较准确地推算出摄像机的实际运动轨迹，这使得复杂图像或物体的跟踪难题得以解决。

3.3.2　运动跟踪流程

要进行跟踪就得先打开跟踪面板，选择菜单【动画】|【跟踪运动】命令即可，如图 3-115 所示。首先要选择运动源，即选择所要跟踪的素材或图层。

图 3-115

当选择素材后，就要选择运动跟踪的方式，这里有 4 种：跟踪摄像机、变形稳定器、跟踪运动和稳定运动。

1 稳定运动的方式

变形稳定器和稳定运动这两种方式主要用于消除或减缓实拍时的抖动和晃动。

选择了【变形稳定器】后，系统自动进行稳定运算，如图 3-116 所示。

图 3-116

运算完成后，可以在滤镜控制面板中对参数进行必要的调整，如图 3-117 所示。

如果选择【稳定运动】，就会有一个跟踪点出现在视图里，在视图中拖曳跟踪点，确定需要跟踪的特征点，然后单击向前跟踪按钮▶开始运算，如图 3-118 所示。

运算完成后，单击【应用】按钮，在弹出的对话框中选择应用跟踪数据的轴向，如图 3-119 所示。

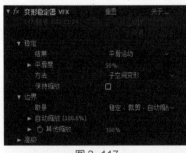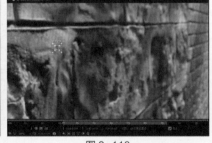

图 3-117   图 3-118   图 3-119

应用图层的信息后，After Effects 会在素材移动的地方设置关键帧。但这个过程中可能会出现一些问题，所以得来回地检查。

2 跟踪运动的方式

跟踪摄像机和跟踪运动都是运动跟踪的方式。跟踪摄像机是 CS6 版本后增加的摄像机跟踪功能。选择了【跟踪摄像机】后，系统将自动进行稳定运算，如图 3-120 所示。

在视图中移动光标，会通过三个点来确定一个平面，从快捷菜单中选择创建文本、固态层和虚拟对象命令，创建摄像机和 3D 属性的图层，如图 3-121 所示。

图 3-120

图 3-121

拖曳时间线指针，查看天空图层跟随实拍场景的运动情况，如图 3-122 所示。

图 3-122

如果选择了【跟踪运动】，接下来的操作如下。

实践 11：跟踪运动的操作

1️⃣ 在跟踪面板上选择跟踪类型，比如【透视边角定位】，此时在视图中出现 4 个跟踪点，如图 3-123 所示。

图 3-123

2️⃣ 调整跟踪点的位置，确定要跟踪的特征点，然后单击向前分析按钮▶，开始分析运算，如图 3-124 所示。

3️⃣ 分析完成后，单击【编辑目标】按钮，选择应用跟踪数据的图层，如图 3-125 所示。

4 　单击【确定】按钮关闭对话框，然后单击【应用】按钮，接受跟踪数据，此时在合成视图中可以看到应用了跟踪数据而产生透视变形的图层，如图 3-126 所示。

图 3-124

图 3-125

图 3-126

5 　在时间线面板中也可以看到该图层自动应用了【边角定位】滤镜和【位置】的关键帧，如图 3-127 所示。

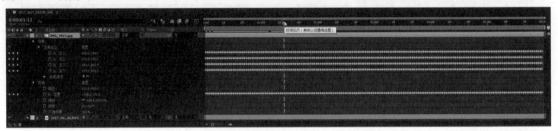
图 3-127

6 　拖曳当前指针，查看图片跟随实拍场景运动的效果，如图 3-128 所示。

图 3-128

　　After Effects CC 2017 中还内置了 Mocha 跟踪模块。当为选择的素材应用【在 mocha AE 中跟踪】命令时，会直接打开 Mocha 软件，在其中可进行素材的跟踪处理，如图 3-129 所示。

图 3-129

使用 Mocha 进行跟踪的一般流程如下。

实践 12：使用 Mocha 进行跟踪

1 首先确定跟踪素材的起止点。

2 绘制跟踪区域，如图 3-130 所示。

3 单击按钮 回 查看跟踪平面，调整跟踪区域的内外边界线，如图 3-131 所示。

4 单击按钮 ▦ 查看平面参考网格，如图 3-132 所示。

5 调整遮罩处理前景遮挡的问题，如图 3-133 所示。

图 3-130

图 3-131

图 3-132

图 3-133

6 单击跟踪运算按钮 ▶ 开始运算，待运算完毕后，单击 Export Tracking Data 按钮，弹出 Export Tracking Data 对话框，单击 Copy to Clipboard 按钮，将跟踪数据复制到剪贴板，如图 3-134 所示。

图 3-134

7 返回 After Effects 界面，选择应用跟踪的图层，选择菜单【编辑】|【粘贴】命令，将跟踪数据应用到图层，如图 3-135 所示。

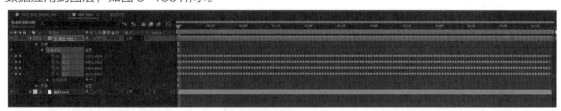

图 3-135

8 应用了跟踪数据的图层产生四角定位变形效果，如图 3-136 所示。

9 应用预合成的方式替换纯色图层为一个胡同标牌。拖曳当前指针，查看红色标牌跟踪实拍场景的效果，如图 3-137 所示。

图 3-136　　　　　　　　　　　　　　图 3-137

接下来我们再介绍一款功能相当强大的跟踪工具，尤其是在三维相机跟踪方面，方便使用且效率很高。

由 The Foundry 开发的 Camera Tracker 是一款相当不错的三维跟踪插件，工作界面如图 3-138 所示。

我们先导入一段实拍的视频，应用该滤镜。

实践 13: Camera Tracker 三维跟踪插件的使用

1 在滤镜面板中单击 Track Feathers 按钮，确定跟踪特征点，如图 3-139 所示。

2 单击 Solve Camera 按钮，如图 3-140 所示。

图 3-138　　　　　　　　　　图 3-139　　　　　　　　　　　　图 3-140

3 单击 Create Scene 按钮，创建场景，系统创建摄像机和控制摄像机运动的虚拟对象，如图 3-141 所示。

图 3-141

4 选择跟踪点，从视图左下角的菜单中选择创建虚拟对象或者固态图层等，如图 3-142 所示。

5 从项目窗口中添加一个草地图层，参照虚拟对象的变换参数进行调整，覆盖原镜头中的乱石堆，如图 3-143 所示。

图 3-142　　　　　　　　　　　　　　图 3-143

6 拖曳当前指针，查看新草地跟踪实拍场景的效果，如图 3-144 所示。

图 3-144

3.3.3　摄像机跟踪结合实践——3D 电视广告（二）

这是一段摄像机向前推镜头运动的素材，我们要在运动的场景中添加模拟的电视屏幕。最终实例效果如图 3-145 所示。

图 3-145

具体操作步骤如下。

1 导入素材"运动镜头 .avi"，在项目窗口中拖曳至合成图标 ▦ 上，创建一个新的合成，重命名为"跟踪镜头"。

2 选择该图层，选择菜单【动画】|【跟踪摄像机】命令，然后等待系统自动计算摄像机的跟踪，如图 3-146 所示。

图 3-146

3 在滤镜面板中展开【高级】选项组，设置【解决方法】为【典型】，系统会重新计算摄像机数据，待完成后，拖曳时间线指针，查看跟踪点的情况，如图 3-147 所示。

图 3-147

4 在合成视图中移动光标，寻找合适的跟踪点，然后单击鼠标右键，创建文本和摄像机，如图 3-148 所示。

图 3-148

5　在时间线中已经有了摄像机和一个具备三维属性的文本图层，这就为在这个场景中创建新的元素提供了参考。选择矩形工具 ▣，绘制一个接近于液晶电视比例的矩形，重命名为"电视框"，只有勾边而没有填充，激活三维属性，并设置与文本图层相同的位置参数，角度与地面垂直，如图 3-149 所示。

图 3-149

6　在时间线面板中链接图层"电视框"为文本图层的子对象。

7　添加【CC 光线扫射】滤镜，设置参数，如图 3-150 所示。

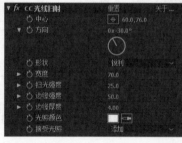

图 3-150

8　关闭文本图层的可视性，复制图层"电视框"，重命名为"屏幕"，调整参数，设置填充颜色为灰色，设置该图层的混合模式为【叠加】，查看合成预览效果，如图 3-151 所示。

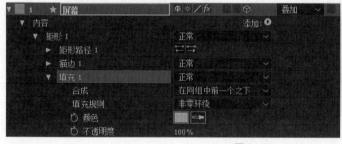

图 3-151

9　复制图层"电视框"，重命名为"框倒影"，调整角度形成倒影，如图 3-152 所示。

10　添加【线性擦除】滤镜，设置参数，使倒影比较柔和一些，如图 3-153 所示。

图 3-152　　　　　　　　　　　　　　　　　　图 3-153

11　该镜头制作完成，保存工程文件。单击播放按钮，查看最后的跟踪效果，如图 3-154 所示。

图 3-154

3.4　广告综合实践——3D 电视广告（三）

这一部分将完成 3D 电视的广告片，除了需要导入前面抠像和摄像机跟踪的合成外，更主要的是应用 After Effects CC 2017 的粒子制作蝴蝶飞舞、喷溅立体水花和立体文字等。最终影片的预览效果如图 3-155 所示。

图 3-155

3.4.1　液晶电视闪光开机

1　制作液晶电视。创建一个合成，命名为"液晶电视屏"，选择预设"HDV/HDTV 720 25"，设置时间长度为 15 秒。

2　选择矩形工具■，在合成视图中绘制一个矩形，在时间线面板中展开【形状图层 1】的属性，设置【填充 1】选项组中的【不透明度】为 0，【描边 1】选项组中的【描边宽度】为 11，【颜色】为深灰色，如图 3-156 所示。

3　选择图层，添加【斜面 Alpha】滤镜，如图 3-157 所示。

4　添加【CC 光线扫射】滤镜，如图 3-158 所示。

5　设置【中心】的关键帧，创建扫光的动画，拖曳时间线指针查看动画效果，如图 3-159 所示。

6　从项目窗口中拖曳合成"液晶电视屏"到合成图标上，创建一个新的合成，重命名为"液晶电视"。

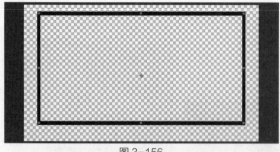

图 3-156

图 3-157

图 3-158

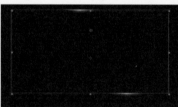

图 3-159

7 调整图层"液晶电视屏"的位置和大小，如图 3-160 所示。

8 新建一个深灰色固态层，命名为"底座"，选择矩形工具▣，绘制底座形状，并添加【斜面Alpha】滤镜。

9 再新建一个深灰色固态层，命名为"连接板"，使用矩形工具绘制连接板形状，并添加【斜面 Alpha 滤】镜，组成了一个电视机的框架，如图 3-161 所示。

10 新建一个合成，命名为"镜头 1"，拖曳合成"液晶电视"到时间线上，激活三维属性，调整位置和大小。

11 选择该图层，选择菜单【图层】|【时间】|【时间伸缩】命令，设置时间拉伸的参数，使该素材速度变快，如图 3-162 所示。

图 3-160   图 3-161   图 3-162

12 新建一个黑色纯色图层，命名为"显示屏"，激活三维属性▣，并设置为图层"液晶电视"

的子对象。

13　选择圆角矩形工具▣，绘制遮罩，使其与液晶屏匹配，如图 3-163 所示。

14　添加【CC 光线扫射】滤镜，设置参数，如图 3-164 所示。

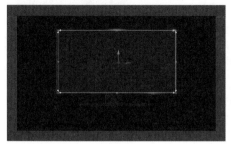
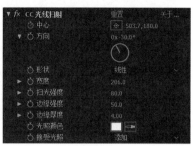

图 3-163　　　　　　　　　　　　　　　　图 3-164

15　设置【中心】的关键帧，拖曳当前指针，查看屏幕扫光的动画效果，如图 3-165 所示。

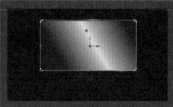

图 3-165

16　选择图层"液晶电视"，按 R 键展开旋转属性，设置【Y 轴旋转】的关键帧，10 帧时数值为 90 度，20 帧时为 0 度。拖曳当前指针，查看合成预览效果，如图 3-166 所示。

图 3-166

17　新建一个黑色固态层，命名为"显示屏光"，添加 Optical Flares 滤镜，单击 Option 按钮，选择光斑预设 Light(20) 组中的 JayJay 项，在左端的参数面板中设置光斑选项，单击第 4 个 Glow 项、第 4 个 Mluti Iris 项和第 1 个 Streak 项的【独奏】按钮，如图 3-167 所示。

18　在效果控件面板中设置光斑的参数，选择图层的混合模式为【相加】，如图 3-168 所示。

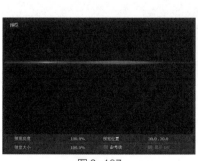

图 3-167　　　　　　　　　　　　　　　　图 3-168

19　设置【亮度】的关键帧，1 秒时数值为 100，1 秒 02 帧时数值为 300。

20 添加【曲线】滤镜，调高亮度和对比度，如图 3-169 所示。

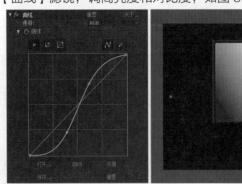

图 3-169

21 使用矩形工具绘制遮罩，创建遮罩形状由 1 秒到 1 秒 10 帧的动画，如图 3-170 所示。

图 3-170

22 选择该图层，设置不透明度的关键帧，1 秒时数值为 0，1 秒 05 帧时为 100。单击播放按钮 ▶，查看屏幕闪光动画效果，如图 3-171 所示。

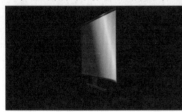

图 3-171

23 新建一个灰色固态层，放置于底层，调整位置和缩放比例，如图 3-172 所示。

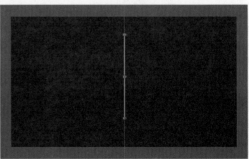

图 3-172

24 新建一个白色固态层，命名为"光束"，放置于顶层，入点为 1 秒 15 帧。使用矩形工具绘制一个矩形遮罩，如图 3-173 所示。

25 添加【毛边】滤镜，设置参数，如图 3-174 所示。

图 3-173　　　　　　　　　　　　　　　　　图 3-174

26 添加 Shine 滤镜，设置参数，如图 3-175 所示。

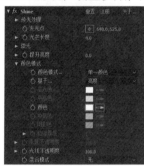

图 3-175

27 设置该遮罩形状的关键帧，单击播放按钮 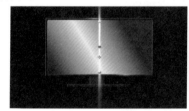，查看电视机屏幕及扫光动画的效果，如图 3-176 所示。

图 3-176

3.4.2　蝴蝶飞舞

1 以合成模式导入分层图片"蝴蝶蓝 .psd"，在项目窗口中双击并打开合成"蝴蝶蓝"，在时间线面板中激活三个图层的三维属性，并设置图层"蝴蝶 8 左翅"和"蝴蝶 8 右翅"作为图层"蝴蝶 8 身子"的子对象，如图 3-177 所示。

2 在合成视图中分别调整"蝴蝶 8 左翅"和"蝴蝶 8 右翅"的锚点接近与蝴蝶身体接触的位置，如图 3-178 所示。

图 3-177　　　　　　　　　　　　　　　　　图 3-178

3 选择图层"蝴蝶 8 右翅"，按 R 键展开旋转属性，选择【Y 轴旋转】项，选择菜单【动画】

|【添加表达式】命令，为该项添加表达式：

    wigfreq=3;

    wigangle=45;

    wignoise=1;

    Math.abs(rotation.wiggle(wigfreq,wigangle,wignoise))+40

4 选择图层"蝴蝶8左翅"，按R键展开旋转属性，选择【Y轴旋转】项，选择菜单【动画】

|【添加表达式】命令，为该项添加表达式：

    –thisComp.layer("蝴蝶8右翅").transform.yRotation

5 选择图层"蝴蝶8身子"，调整角度，方便观察蝴蝶翅膀扇动。单击播放按钮 ，查看蝴蝶翅膀扇动的动画效果，如图3-179所示。

6 采用同样的方法创建"蝴蝶紫"和"蝴蝶黄"的动画效果，如图3-180所示。

图3-179

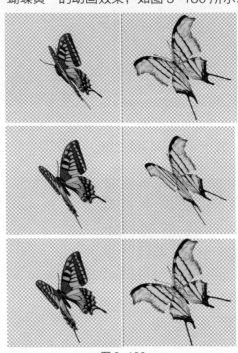

图3-180

7 新建一个合成，命名为"飞舞"，选择预设"HDV/HDTV 720 25"，设置时间长度为15秒。

8 拖曳合成"蝴蝶蓝""蝴蝶紫"和"蝴蝶黄"到时间线上，关闭可视性。

9 创建一个35mm的摄像机，导入合成"液晶电视"，激活三维属性 🟦，再导入一个图片"风景"，激活三维属性 🟦，调整位置和大小，如图3-181所示。

图3-181

10 选择图层"风景"，选择钢笔工具 ✏️，绘制一个遮罩，使得该图像在电视屏幕的框内，如图3-182
所示。

11 新建一个黑色图层，命名为"远景 - 蓝"，添加 Particular 滤镜，展开【发射器】选项组，
设置发射器的大小和位置，如图3-183 所示。

12 设置【粒子 / 秒】的关键帧，0 帧时数值为 12，8 帧时为 0，这样就控制了粒子的数量。

13 展开【粒子】选项组，设置【粒子类型】为【子画面】，展开【材质】选项组，设置参数，
如图3-184 所示。

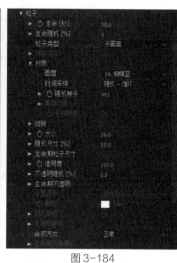

图 3-182　　　　　　　　　　　图 3-183　　　　　　　　　　　图 3-184

14 展开【物理学】选项组，展开 Air 选项组，设置风力参数，设置【风向 Z】的关键帧，2 秒
时数值为 0，6 秒时为 -500，如图3-185 所示。

15 展开【扰乱场】选项组，设置参数，如图3-186 所示。

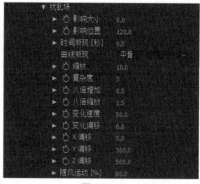

图 3-185　　　　　　　　　　　　　　　图 3-186

16 单击播放按钮 ▶️，查看蓝色蝴蝶飞舞的动画效果，如图3-187 所示。

图 3-187

17 复制图层"远景 - 蓝"，重命名为"远景 - 紫"，展开【粒子】选项组，设置【粒子类型】

为【子画面】，展开【材质】选项组，调整参数，如图 3-188 所示。

18 展开【发射器】选项组，调整发射器的参数，设置【粒子/秒】的关键帧，0 帧时数值为 20，8 帧时为 0，如图 3-189 所示。

图 3-188　　　　　　　　　　　　图 3-189

19 展开【物理学】选项组，调整力学参数，设置【风向 X】的关键帧，0 秒时为 –70，2 秒 06 帧时为 0，如图 3-190 所示。

20 展开【扰乱场】选项组，调整素乱场的参数，如图 3-191 所示。

图 3-190　　　　　　　　　　　　图 3-191

21 单击播放按钮▶，查看蝴蝶飞舞的动画效果，如图 3-192 所示。

图 3-192

22 复制图层"远景－蓝"，重命名为"远景－黄"，展开【粒子】选项组，设置【粒子类型】为【子画面】，展开【材质】选项组，调整参数，如图 3-193 所示。

23 展开【发射器】选项组，调整发射器的参数，设置【粒子/秒】的关键帧，0 帧时数值为 18，8 帧时为 0，如图 3-194 所示。

24 展开【物理学】选项组，调整力学参数，设置【风向 X】的关键帧，1 秒时数值为 0，1 秒

19 帧时为 −44，6 秒 03 帧时为 −130，7 秒 17 帧时为 0，设置【风向 Z】的关键帧，1 秒时数值为 0，1 秒 19 帧时为 76，6 秒 03 帧时为 0，如图 3-195 所示。

图 3-193　　　　　　　　　　　　　图 3-194

25　展开【扰乱场】选项组，调整素乱场的参数，如图 3-196 所示。

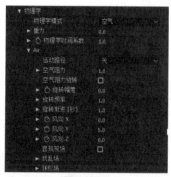

图 3-195　　　　　　　　　　　　　图 3-196

26　单击播放按钮▶，查看合成预览效果，如图 3-197 所示。

图 3-197

27　创建摄像机拉远的动画，分别在 7 秒和 9 秒设置摄像机位置和焦点的关键帧，具体参数如图 3-198 所示。

图 3-198

28　在顶视图中也可以很方便地查看摄像机的运动路径，如图 3-199 所示。

[29] 拖曳时间线指针，查看摄像机的动画效果，如图 3-200 所示。

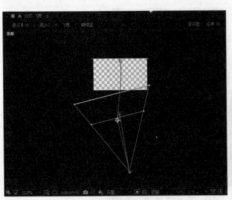

图 3-199　　　　　　　　　　　　　　　　　　　图 3-200

[30] 为了丰富场景中蝴蝶飞舞的层次，尤其是需要有部分蝴蝶从电视屏幕中飞出来的效果，以强化 3D 立体视觉，多次复制图层"远景－蓝"，重命名为"中景－蓝"、"近景－蓝"和"前景－蓝"，分别调整粒子参数和图层的入点，形成多层次的蝴蝶飞舞。

[31] 同样复制图层"远景－紫"，重命名为"中景－紫"、"近景－紫"和"前景－紫"，分别调整粒子参数和图层的入点。同样复制图层"远景－黄"，重命名为"中景－黄"、"近景－黄"和"前景－黄"，分别调整粒子参数和图层的入点，如图 3-201 所示。

图 3-201

[32] 单击播放按钮 ▶，查看合成预览效果，如图 3-202 所示。

图 3-202

[33] 新建一个聚光灯，具体参数设置如图 3-203 所示。

[34] 分别在顶视图和左视图中调整灯光的位置，如图 3-204 所示。

[35] 新建一个合成，命名为"镜头 2"，拖曳合成"飞舞"到时间线上，调整时间拉伸比例为 60%，然后设置该图层的入点为 1 秒 13 帧。

[36] 新建一个白色固态层，添加【梯度渐变】滤镜，如图 3-205 所示。

[37] 将固态层放置于底层，导入一张图片"背景图"放置于第二层，设置缩放比例为 515%，设置混合模式为【柔光】。查看合成预览效果，如图 3-206 所示。

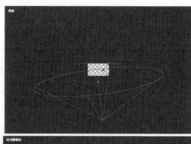

图 3-203　　　　　　　　　　　　　　　　图 3-204

图 3-205　　　　　　　　　　　　　图 3-206

38 选择顶层的"飞舞"，添加【径向阴影】滤镜，设置参数，如图 3-207 所示。

图 3-207

39 完成第二镜头的制作，单击播放按钮 ，查看合成预览效果，如图 3-208 所示。

图 3-208

3.4.3　制作立体水花

1 新建一个合成，命名为"镜头 3"，选择预设"HDV/HDTV 720 25"，设置时间长度为 8 秒。

2 新建一个白色固态层，命名为"背景"，添加【梯度渐变】滤镜，如图 3-209 所示。

图 3-209

3 拖曳图片"背景图"到时间线上，调整【缩放】的数值为 524%，设置图层的混合模式为【柔光】，如图 3-210 所示。

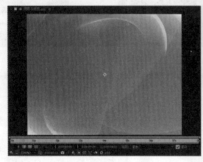

图 3-210

4 拖曳合成"液晶电视"到时间线上，激活三维属性🟦。

5 导入视频素材"云飘"到时间线上，激活三维属性🟦，调整位置，使其出现在电视屏幕的前面，选择图层的混合模式为【叠加】，如图 3-211 所示。

6 选择矩形工具■，绘制一个蒙版，使图层刚好在电视屏幕中，如图 3-212 所示。

图 3-211   图 3-212

7 新建一个 35mm 的摄像机，在 2 秒和 4 秒处创建关键帧，具体位置参数如图 3-213 所示。

图 3-213

8 拖曳时间线指针，查看合成预览效果，如图 3-214 所示。

9 新建一个黑色纯色图层，命名为"立体 3D"，添加 Element 滤镜，在滤镜面板中单击 Scene Setup 按钮，打开场景设置面板，如图 3-215 所示。

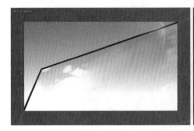

图 3-214

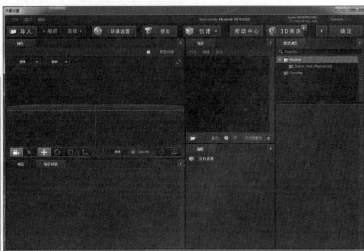

图 3-215

10 单击【导入】按钮，导入三维模型文件 "3D.obj"，如图 3-216 所示。

图 3-216

11 在底部的材质库中选择 Gold 项，为模型应用金属材质，在预览视图中可以直接调整视图角度，查看立体字的效果，如图 3-217 所示。

12 单击【确定】按钮关闭场景设置面板，在效果控件面板中展开【中心变换】选项组，调整模型的位置、角度和缩放参数，创建关键帧，如图 3-218 所示。

图 3-217

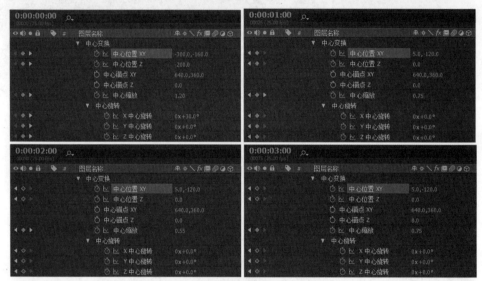

图 3-218

13 拖曳时间线指针，查看立体字的动画效果，如图 3-219 所示。

图 3-219

14 复制图层"立体 3D"，重命名为"3D 倒影"，放置于图层"云飘"的下一层，设置不透明度为 50%。

15 按 P 键，展开该图层的位置属性，在 0 秒、1 秒、2 秒和 3 秒创建【位置】的关键帧，数值分别为 (647，976)、(647.9，380.5)、(642.4，368.1) 和 (640，364)，拖曳时间线指针，查看合成预览效果，如图 3-220 所示。

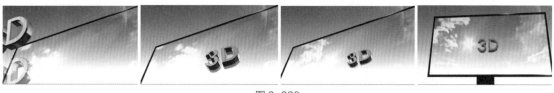

图 3-220

16 导入水花喷溅的视频素材，设置该图层在时间线上的入点为 1 秒，也就是立体字落入屏幕的时刻。

17 激活三维属性 ⬛，设置该图层的混合模式为【屏幕】，调整位置、大小和角度，如图 3-221所示。

图 3-221

18 复制该图层两次，分别调整角度，使三个水花图层呈现立体交叉，如图 3-222 所示。

图 3-222

19 新建一个合成，命名为"水花"，设置宽度和高度均为 1280，时间长度为 5 秒。拖曳水花喷溅的视频素材到时间线上，激活三维属性 ⬛，选择图层的混合模式为【屏幕】。

20 调整该图层的位置、大小和角度，然后选择钢笔工具 ✎，绘制蒙版，设置【蒙版羽化】的值为 50，如图 3-223 所示。

21 三次复制该图层，分别调整图层的角度参数，使 4 个水花图层呈现立体交叉，如图 3-224 所示。

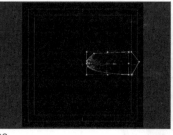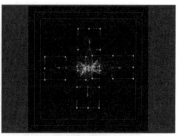

图 3-223   图 3-224

22 激活合成"镜头 3"，从项目窗口中拖曳合成"水花"到时间线上，设置该图层在时间线上的入点为 1 秒，混合模式为【屏幕】，并调整位置和大小，如图 3-225 所示。

图 3-225

23 单击播放按钮 ▶，查看"镜头 3"的合成预览效果，如图 3-226 所示。

图 3-226

3.4.4 影片合成

1 新建一个合成，命名为"最终影片"，选择预设"HDV/HDTV 720 25"，设置时间长度为20 秒。

2 导入背景音乐文件，拖曳到时间线上，展开波形，方便视频素材与音频节奏对应。

3 拖曳合成"镜头 1"到时间线上，作为该合成的第 1 个镜头。

4 拖曳合成"镜头 2"到时间线上，排列在"镜头 1"之后，添加【曲线】滤镜，提高亮度和对比度，如图 3-227 所示。

图 3-227

5 拖曳合成"镜头 3"到时间线上，设置图层在时间线的入点为 15 秒，添加【曲线】滤镜，提高亮度和对比度，如图 3-228 所示。

图 3-228

6 拖曳合成"抠像镜头"到时间线上，设置该图层的入点为 1 秒 14 帧，出点为 2 秒 4 帧，该图层在时间线的入点为 8 秒 10 帧。

7 设置该图层的不透明度关键帧，8 秒 10 帧时【不透明度】数值为 0，8 秒 20 帧时为 100。

8 拖曳合成"跟踪镜头"到时间线上，设置图层在时间线的入点为 9 秒 1 帧，出点为 11 秒 22 帧。

9 拖曳合成"抠像镜头"到时间线上，设置该图层的入点为 11 秒 23 帧，出点为 13 秒 10 帧。

10 拖曳合成"抠像镜头"到时间线上，设置该图层的入点为 2 秒 05 帧，该图层在时间线的入点为 13 秒 11 帧。查看整个时间线的分布，如图 3-229 所示。

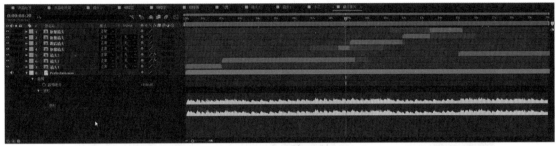

图 3-229

11 新建一个白色纯色图层，长度为 10 帧，在时间线的入点为 1 秒 20 帧。按 T 键，设置【不透明度】的关键帧，1 秒 20 时值为 0，1 秒 24 帧时值为 100%，2 秒 03 时值为 0，在镜头 1 和镜头 2 之间创建闪白的转场效果，如图 3-230 所示。

图 3-230

12 选择文本工具 T，输入字符"夏普 Real-3D 电视"，设置字体、大小和颜色等文本属性，如图 3-231 所示。

图 3-231

13 添加【投影】滤镜，设置具体参数，如图 3-232 所示。

图 3-232

14 设置文本图层在时间线的入点为 18 秒，应用文本动画预设【3D 从摄像机后下飞】，如图 3-233 所示。

图 3-233

15 至此，整个广告实例制作完成，保存工程文件。单击播放按钮▶，查看影片的效果，如图 3-234 所示。

图 3-234

第 4 章

三维特效广告

　　随着计算机在影视领域的普遍应用和设计软件的辅助开发，三维数字影像技术扩展了影视拍摄的局限性，在视觉效果上弥补了拍摄的不足，计算机制作还大大降低了拍摄的成本，同时也为剧组节省了到世界各地实拍的时间，大大降低了制作费用。

4.1 三维特效概述

三维动画效果又称 3D 动画，是这些年随着计算机软件、硬件技术的不断发展而产生的一门电脑特效技术。三维动画软件在计算机中首先建立一个虚拟的三维世界，再根据这个虚拟世界的要求，来建立对象的尺寸、形状模拟三维模型以及三维场景环境，此后再根据要求设定模型的运动轨迹、虚拟摄像机的运动轨迹和其他动画需要，最后为建立好的模型赋上所需材质，并打上特定灯光。一切条件具备后就可以让计算机自动运算，生成动画并且渲染出图。

三维动画仿真技术是模拟真实物体的一个很有效的工具。由于其精确度、真实性和无限的虚拟空间，目前被广泛应用于影视广告、电影特效、军事演习、医学模拟试验等诸多领域。在影视广告制作方面，这项新技术更能够博得观众的眼球，因此受到了商家的认可。三维动画可以用于广告和电影电视剧的特效制作（如爆炸场景、烟雾场景、雨雪场景、光效场景等）、特技制作（撞车、变形、虚幻场景或角色创作等）、广告产品展示、片头飞字、电视节目包装等，如图 4-1 所示。

图 4-1

影视三维动画不但能模拟简单的影视特效，更能将复杂、虚幻的三维场景表现得淋漓尽致。三维动画已经涉及影视广告特效创意、前期拍摄、影视 3D 动画、后期特效合成、影视剧特效等。这要求制作人员涉及计算机、影视、美术、电影、音乐等更多的门类学科。

4.2 三维特效应用

三维动画与特效不仅可以制作动画电影，还能完成实拍不能解决的影视镜头效果，不会受到天气、季节等因素的影响，且可修改性较强，质量要求也更容易受到控制，能够对所表现的故事与产品起到前所未有的视听冲击作用。

制作完美的三维动画与特效的从业人员不仅需要熟悉和掌握相关的软件技术，还需要有一定的绘画艺术基础，有时还要借助辅助软件或插件来完成自己的制作。

在影视广告作品中，三维动画与特效分为许多种类，其中主要有场景环境、光线特效、爆炸特效、流体特效、机械骨骼、毛发与布料等，而动画特效的加入，使影视作品在视觉上更上一层楼。

4.2.1 场景

场景环境在影视作品中主要起烘托气氛的作用，在许多不允许实景拍摄的情况下，借助演员在蓝幕或绿幕前虚拟拍摄，然后用三维软件制作出虚拟的环境，再通过后期合成软件将实拍的素材与三维虚拟场景进行合成，达到理想的影片描述。

一部出色的影视广告，不仅需要丰富的角色，还需要展示出相当完美的场景，故事场景的设计是整个广告片中的根本。场景设计是作品构成中重要的组成部分，无论从布局安排，还是造型设计来讲，画面的表现力都需要优秀、动人的场景来表现和烘托，如图 4-2 所示。

图 4-2

第一，先来说说场景设计的定义。场景设计通常是指以剧本为依据，为某一作品中的角色活动和剧情发展的背景空间进行有框架要求的设计。场景设计往往确定了一部作品的总体风格。

第二，要提到的是场景中的色彩。给场景制订一个严格的色彩方案，有助于场景风格的确立。一般可以通过选择一套数量有限的，属于一个或者几个色系的色彩来设计一个搭配的色彩方案。按照基调的主要颜色、辅助颜色、点缀颜色进行具体的配置，并用这些颜色对场景中的元素构件进行上色。场景设计中的主观色彩运用，是场景色彩设计中理性筛选刻画对象的基本能力，它能推动动画场景设计的艺术创造，完成更好的动画场景设计作品。

场景设计一般是依据场景空间的创作思维来安排镜头画面中景别的变化、视角的变化、镜头的运动方式以及场景气氛效果的营造。场景设计不但影响着其中的角色与剧情，而且还影响着观众的欣赏，给观众带来的感受是其中多种元素搭配产生的，它让观众随着整个剧情的发展而紧张、忧伤、欣喜、兴奋。在观赏过程中，观众最直接感受到的还是场景设计所传达出来的复杂情绪。场景设计对动画中的场面施加主观影响，通过场景的色彩、构图、光影等设计手法来强化影视动画的视觉表现，使恐怖气氛更加恐怖，优雅场面更加优雅。

通过 3D 软件可以制作出简单模型，并根据剧本和分镜故事板制作出 3D 故事板，建立故事的场景、角色、道具的简单模型，如图 4-3 所示。

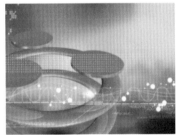

图 4-3

4.2.2　角色

骨骼蒙皮，即根据故事情节分析，对 3D 中需要动画的模型（主要为角色）进行动画前的一些变形、动作驱动等相关设置，为动画师做好预备工作，提供动画解决方案。

角色动画制作涉及 3D 游戏角色动画、电影角色动画、广告角色动画、人物动画等，如图 4-4 所示。

图 4-4

动画角色制作一般经过以下步骤完成。

1 根据创意剧本制作分镜头脚本，绘制出各关键镜头的画面和运动形式，为三维制作提供蓝图。

2 在 3D 软件中建立故事的场景、角色、道具的简单模型。

3 根据分镜故事板应用 3D 简单模型制作出 3D 故事板。

4 精确制作角色模型、3D 场景、3D 道具模型。

5 骨骼系统的绑定。这是一个很费时间、需要耐心的工作。因为这直接关系到后面的动作能不能很好地执行。

6 角色动画的设置。除了耗费时间的手动调整骨骼动画之外，使用人物或动物的动作库，可以实现接近完美的运动效果，如图 4-5 所示。

图 4-5

7 赋予材质，布局场景灯光，直到渲染输出并进行后期合成，如图 4-6 所示。

图 4-6

4.2.3 仿真材质

　　"材质"用来指定物体的表面或数个面的外观特性，它决定这些面在着色时的特性，如颜色、光亮程度、自发光度及不透明度等。指定到材质上的图形称为"贴图"。狭义的贴图是指将图案附着在物体的表面上，使物体表面出现花纹或色泽；而材质的概念则要广阔得多，它不仅仅包含表面的纹理，还包括了物体对光的属性，如反光强度、反光方式、反光区域、透明度、折射率以及表面的凹痕和起伏等一系列的属性。贴图只是体现材质属性的一种基本方式，一系列的贴图和其他参数的综合运用才能构成一个完善的材质。

　　在 3ds Max 软件中，材质和贴图主要用于描述对象表面的物质形态，构造真实世界中自然物质表面的视觉表象。不同的材质和贴图能够给人们带来不同的视觉感受，因此它们在 3ds Max 中是营造客观事物真实效果的最有效手段之一。

1 纹理贴图

　　在计算机图形学中是把位图包裹到 3D 渲染物体的表面，纹理给物体提供了丰富的细节，用简单的方式模拟出了复杂的外观。一个图像（纹理）被贴（映射）到场景中的一个简单形体上，就像印花贴到一个平面上一样，这大大减少了在场景中制作形体和纹理的计算量。例如，可以创建一个球并把脸的纹理贴上去，这样就不用处理鼻子和眼睛的形状了。

　　随着图形卡功能越来越强，理论上材质贴图变得越来越不必要，而三维绘制（渲染）成了常用的工具。但事实上，最近的趋势是使用更大和更多的纹理图像，再加上把多幅纹理组合到同一物体的不同角度的复杂技术，如图 4-7 所示。

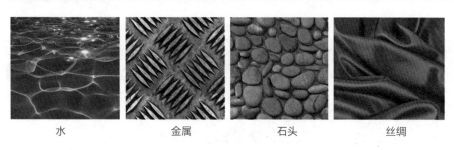

| 水 | 金属 | 石头 | 丝绸 |

图 4-7

2 材质的仿真

　　材质简单地说就是物体看起来的质地，可以看成是材料和质感的结合。在渲染程序中，它是表面各可视属性的结合，这些可视属性是指表面的色彩、纹理、光滑度、透明度、反射率、折射率、发光度等。我们必须仔细分析产生不同材质的原因，才能更好地把握质感。材质的真相仍然是光，离开光材质是无法体现的。举例来说，借助夜晚微弱的天空光，我们往往很难分辨物体的材质，而在正常的照明条件下，则很容易分辨。另外，在彩色光源的照射下，我们也很难分辨物体表面的颜色，在白色光源的照射下则很容易。这种情况表明了物体的材质与光的微妙关系。下面将具体分析两者间的相互作用。

1) 色彩（包括纹理）

　　色彩是光的一种特性，光线照射到物体上的时候，物体会吸收一些光色，同时也会漫反射一些光色，这些漫反射出来的光色到达我们的眼睛之后，就决定物体看起来是什么颜色，这种颜色在绘画中称为"固有色"。这些被漫反射出来的光色除了会影响我们的视觉之外，还会影响它周围的物体，这就是光能传递。当然，影响的范围不会像我们的视觉范围那么大，它要遵循光能衰减的原理，如图 4-8 所示。

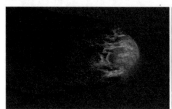

图 4-8

2) 光滑与反射

　　一个物体是否有光滑的表面，往往不需要用手去触摸，视觉就会告诉我们结果。因为光滑的物体总会出现明显的高光，比如玻璃、瓷器、金属等；而没有明显高光的物体通常都是比较粗糙的，比如砖头、瓦片、泥土等。这种差异在自然界无处不在，但它的产生依然是光线的反射作用，光滑的物体表面只"镜射"出光源，这就是物体表面的高光区，它的颜色是由照射它的光源颜色决定的（金属除外），随着物体表面光滑度的提高，对光源的反射会越来越清晰，这就是在三维材质编辑中，越是光滑的物体高光范围越小，强度越高。当高光的清晰程度已经接近光源本身后，物体表面通常就要呈现出另一种面貌了，这就是反射材质产生的原因，也是古人磨铜为镜的原理。我们在编辑材质的时候一定不能忽视材质光滑度的上限，有很多初学者作品中的物体看起来都像是塑料做的就是这个原因，如图 4-9 所示。

3) 透明与折射

　　自然界的大多数物体通常会遮挡光线，当光线可以自由地穿过物体时，这个物体肯定就是透明的。不仅是光源的光线穿过透明物体，透明物体背后的物体反射出来的光线也要再次穿过透明物体，这样使我们可以看见透明物体背后的东西。由于透明物体的密度不同，光线射入后会发生偏转现象，这就是折射，比如插进水里的筷子，看起来就是弯的，如图4-10所示。

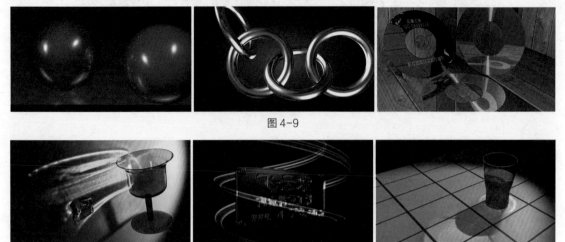

图4-9

图4-10

不同的透明物质其折射率也不一样，即使同一种透明的物质，温度的不同也会影响其折射率，比如当我们穿过火焰上方的热空气观察对面的景象，会发现有明显的扭曲现象，这就是因为温度改变了空气的密度，不同的密度产生了不同的折射率。

在自然界中还存在另一种形式的透明，在三维软件的材质编辑中把这种属性称之为"半透明"，比如纸张、塑料、植物的叶子、蜡烛等。它们原本不是透明的物体，但在强光的照射下背光部分会出现"透光"现象，如图4-11所示。

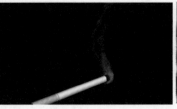

图4-11

4.2.4 烟雾光效

在现代影视制作中，三维影视特效的使用非常广泛，所有不能用自然环境、物体表现的内容都可以有特效的参与，包括烟火、爆炸以及光效等，常用来强化影视作品的艺术特效。在3ds Max软件中提供了功能强大的粒子系统，尤其是粒子源和粒子阵列，能够模拟很多自然烟雾特效。还有一些超强大的特效插件，比如After Burn、FumeFX、Thinking Particles、PhoenixFD和RayFire等，在制作烟雾、爆炸、粒子聚合等特效时易如反掌。

运用烟火以及光效还可以创造各种环境气氛，如战争场面、恐怖气氛或仙境等。合理地使用光效，可起到深化主题、塑造人物、调节影调、改变景色反差等作用，如图4-12所示。

图4-12

爆炸特效可以使用实景爆破的方式进行表现，但很多电影还是选择三维动画进行特效模拟。因为实景爆破的危险性较高，控制特效较为复杂，而三维动画进行特效模拟则不存在此类问题，如图 4-13 所示。

图 4-13

4.2.5 流体特效

在众多的电视广告中，液体承载着冲击视觉的重任，比如飘逸的巧克力、与演员一起跳舞的牛奶、交汇冲击的果汁、汽车飞驰溅起的水花等，如图 4-14 所示。

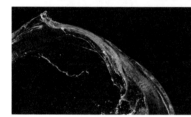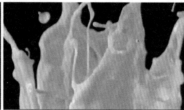

图 4-14

通过上面简单的描述，相信大家已经进一步了解了光和材质的关系，如果在编辑材质时忽略了光的作用，是很难调出有真实感的材质的。因此，在材质编辑器中调节各种属性时，必须考虑到场景中的光源，并参考基础光学现象，最终以达到良好的视觉效果为目的，而不是孤立地调节它们。当然，也不能一味地照搬物理现象，毕竟艺术和科学之间还是存在差距的，真实与唯美也不是同一个概念。

当然，三维动画特效涉及的方方面面很广，给我们带来的创造力也是无限的，比如机器人的完美运用、模拟真实的毛发和布料等都为影视广告作品增添了设计空间，获得超乎想象的艺术魅力和视觉震撼力，如图 4-15 所示。

图 4-15

4.3 摄像机特技

一幅渲染出来的图像其实就是一幅画面，在模型定位之后，光源和材质决定了画面的色调，而摄像机就决定了画面的构图。合理地使用摄像机也是三维渲染中面临的巨大挑战。3ds Max 的虚拟摄像机能为满足虚拟世界的需要提供诸多的可能性，你仅需挖掘摄像机对象的潜能，就可以真正实现逼真的渲染和动画。

在影视作品中，摄像机的自由度会大得多，为了表现特殊的情感效果，有时会故意使用一些夸张甚至极端的镜头，这要注意区别对待。在三维软件中的摄像机除了确定构图之外，还有其他的效果，这就是景深效果和运动模糊。应该说这两种特效都是和摄像机密不可分的，运用好这两种特效是再现真实摄像效果的必要手段。

4.3.1 镜头特效

谈到镜头种类，摄像师有各种各样的选择，从标准镜头到鱼眼式镜头，对镜头的选择通常受物体的类型及所期望的效果支配。

标准镜头为摄像师提供最大的灵活性，3ds Max 的摄像机使用标准镜头，完全可以假设渲染过的图像同现实生活中用带有标准透镜的摄像机所拍摄的图像是十分匹配的，然而 3ds Max 摄像机没有定位的焦点，焦点是受镜头效果焦点模块控制的。使用标准镜头所看到的镜头反射光线的数量和条纹数量是一致的，如果遇到任何光斑，那么需在场景中有相同数目的镜头反射光线，使用镜头效果和景深，通过恰当的后处理效果来改造标准的 3ds Max 镜头就可以得到所有的其他类型的镜头。

同标准镜头相比，广角镜头使得摄像机更适合于帧画面，然而这是以牺牲焦距为代价的，为模拟一个广角镜头，简单地调整 3ds Max 摄像机以便能观察更多场景。调节视野，然后使用【视频后期处理】中的【镜头效果焦点】模块以缩短被渲染图像的焦距。

远摄镜头实质上就是在使用同一焦距时人能更靠近物体一些，这样尤其具有使物体好像完全在焦点上的效果，并且使物体之外的其他事物在离开镜头的最大焦点时快速地远离焦点。在 3ds Max 中要模拟一个远摄镜头，需要使用一个焦点范围相对短一点的聚焦模块，那样在对象离开这个范围时迅速变得模糊。

F 光圈是与一个被称为光圈的小设备有关的校准数字。通过改变光圈的直径，能够控制光线的数量及图像景深，缩小光圈开口的效果通常称为"缩小"镜头的光圈。通常在光太强或光太弱的情况下，应通过增大或减小 F 光圈来校正光线，然而 3ds Max 有能力调节个别的或全部的光源，所以无须利用 F 光圈参数模拟这一效果，在 3ds Max 中通过操纵光源来调整光线而不是利用 F 光圈。

ISO 数字表示胶片感光度，正常情况下，慢一点的胶片感光速度最适合于静物图像或有充足光线的图像，快一点的胶片感光速度一般应用于更黑一些的场景。在 3ds Max 中，当力求匹配或模拟胶片感光度时，可利用视频后期对比度过滤器改变图像或动画的对比度和亮度，对于看似以较低的胶片感光度拍摄的图像，增加其对比度，也许需要减少些亮度，如图 4-16 所示。

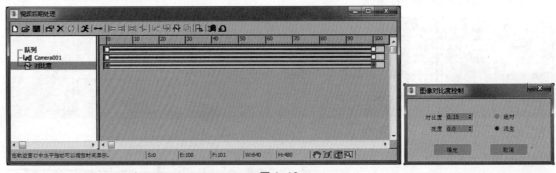

图 4-16

在【视频后期处理】中把 Photoshop 过滤器添入到队列中，仅需一个二维图像过滤器外挂模块就能模拟增加胶片纹理的效果，并选择 Film Grain 过滤器以得到理想的效果，使用对比度和 Film Grain 外挂模块模拟胶片感光度。

柔焦会产生一个图像晕圈的强光区，使图像缓慢地散焦并有晕圈围绕着强光区，从而产生戏剧般的效果。

3ds Max 通过镜头效果光晕和焦点过滤器提供这个功能。为模拟体现焦点效果的所有事物，应使用镜头效果焦点模块，该模块在【视频后期处理】中，3ds Max 中所有的渲染聚焦到无限远处，镜头效果焦点能使渲染过的图像增加真实的焦点效果，能获得一般的场景模糊、放射状的场景模糊或基于聚焦节点的模糊（聚焦节点是正在聚焦的物体），如图 4-17 所示。

图 4-17

按通常的规则，几乎每一个场景中都应有一定数量的模糊，由于我们见到的任何一个摄影作品都与一定数量的聚焦模糊相联系，意味着场景中将有一种格外的真实感。

4.3.2　摄像机特技

电影摄像机发明不久，就产生了几种基本的摄像机移动技巧，构成了今天摄像机运动技术的基础，这些技术同样适用于计算机动画中的虚拟摄像机。你不应该仅仅局限于这几种基本的技巧，因为计算机动画中的摄像机是不受时空限制的，当然学习真实世界中的摄像技术还是非常重要的，因为观众早就学会从这几种基本运动技巧中获取运动影像的信息。

1 选择摄像机类型

3ds Max 中有两种类型的摄像机：自由摄像机和目标摄像机。这两种摄像机的工作方式几乎相同，在如何观察场景方面，二者也没有根本上的差别，它们有严格相同的可控设置，以及当属性随时间调整时，它们的动作相同，不同之处仅在于它们绘制动画的方式。

目标摄像机不是一个传统的现实世界摄像机，但是在计算机世界却具有悠久的传统。目标摄像机使用摄像机对象和目标对象确定自己的 POV。它能独立于目标移动，反之目标也能独立于摄像机移动。目标摄像机适用于拍摄漫游、跟踪、空中拍摄和静物照。

自由摄像机更能代表真实世界的摄像机，使用自由摄像机基本上是把摄像机对象对准物体，而不是把目标移到对象上，使用移动或旋转变换把摄像机对准想观察的部分。对很多新用户而言，这似乎是设置一个摄像机的最自然的途径，自由摄像机善于处理以下工作，比如游走拍摄、摇摄和基于路径的动画。

摄像机的运动跟实际拍摄没有什么区别，反而自由度更大些。常见的摄像机运动包括摇摄、摄像机俯仰运动、左右转动、移动摄影和跟踪拍摄。

摇摄最常见的应用就是对全景的拍摄，缓慢地水平或垂直移动，对一座大厦的垂直向上或向下的镜头转动将使人产生一种高度感。而对一个陆上风景的水平的镜头转动可以显示出地方的宽广，比如一个溪谷或一座山，摄像机摇动千万不能总被用作在一个方向上的比较缓慢的摄像机移动，它可以突然地改变方向。例如，一个摄像机正在跟踪一个目标，接着它可以马上跟踪完全相反方向上的另外一个目标而中间没有任何间歇与停顿。再如，在机场上这种从一个目标转向另一个目标的镜头转换可以一直进行下去。

为了强化物体的运动感和速度，模仿现实世界中摄像机的真实感，同时也为了解决画面的闪烁问题，在渲染时可使用运动模糊。3ds Max 中有 3 种运动模糊：对象、图像和场景运动模糊。

1) 对象运动模糊

这种技术为场景中的每一个运动对象提供运动模糊，而不影响轻微变化的运动对象的样本，在最终的图像中，这些样本一起抖动从而完成一种运动模糊效果，可在动画中用来平滑快速运动对象的闪烁。

2) 图像运动模糊

这种技术建立在像素速度的基础上，并且当一帧被渲染之后才会被使用，因为它将一个对象的所有像素的速度都考虑在内，所以可以用来模糊对象，甚至可以模糊球形或圆柱形的环境贴图。

3) 场景运动模糊

这种运动模糊可在各帧之间分享信息，它在场景层级起作用并将摄像机运动考虑在内，而这是对象运动模糊所不具有的，大多数信息来源于当前帧，但还有一些信息来源于前面的帧或后面的帧，这样做的目的是为了减少各帧之间的差异，扩大摄像机运动可接受的范围，当在运动对象之后创建模糊的轨道时，它是最常使用的。

在 3ds Max 中，通过设置物体的属性，在渲染时可以创建场景模糊，也可以创建运动模糊，如果应用的是 mental ray 渲染器，在摄像机效果中指定运动模糊，如图 4-18 所示。

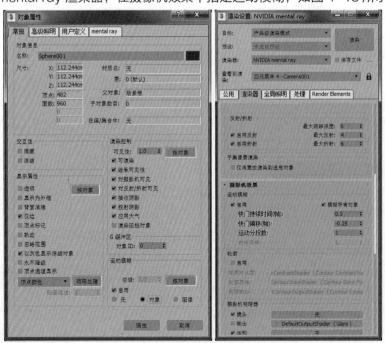

图 4-18

在真实世界中，摄像机光学器件的景深是有限的，当前景中的对象在焦点以内时，背景就出了焦点，在某些情况下这会带来一些问题，但它也是强调影像中的某个部分的一种有用的工具。

你也许希望限制景深来重建电影、电视观众早已熟悉的真实感，小景深将某个特定的对象与场景分离开来，在一个镜头中，当强调的重点从一个对象转到另一个对象时可以改变聚焦平面。

摄像机景深可以使在同一环境中（受同一个摄像机作用）的多个大小完全相同的物体产生近大远小的效果，选择不同的摄像机目标点，可以使物体产生近实远虚或者远实近虚的效果。在 VRay 设置面板中勾选【景深】项，调整【光圈】和【焦点距离】的数值，得到的最后渲染效果如图 4-19 所示。

图 4-19

景深的效果能通过【视频后期处理】中的【镜头效果焦点】过滤器轻易地模拟出来，尽管摄像机的 F 光圈同 3ds Max 中的景深值没有直接的联系，但能改变调节焦点模块内部的【焦点范围】和【焦点限制】的参数，如图 4-20 所示。

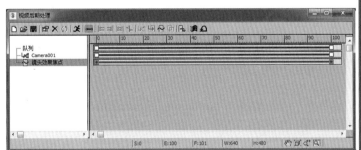

图 4-20

② 摄像机特殊效果

在 3ds Max 中不仅借鉴了真实拍摄时的摄像技术，运用了多种镜头效果，而且为了获得更好的视觉表现，经常会使用一些特殊的效果，为设计师创建更具表现力的视觉元素。

1）MV 拍摄风格

具有 MV 镜头风格的摄像机技术和编辑技术有其鲜明的特色，往往超越传统方法，它具有不同寻常的镜头视角、夸张的视野、反传统的摄像机运动和快速而急切的过渡。MV 镜头效果已成为商业电视和其他非音乐领域的重要组成部分。

吸收 MV 风格的最好方法是客观地分析你需要的镜头，看看那些摄像机是如何运动的以及镜头焦距的长度、镜头位置运动等，然后再决定在 3ds Max 中借鉴哪种方法。几种 MV 镜头效果如

图 4-21 所示。

图 4-21

2) 现场效果

摄像师们多年来一直面临的一个问题是，当摄像机在粗糙的平面运动时如何保持平稳，最初人们通过建筑导轨，使用摄像升降机、车载升降台等机械方法来解决这个问题，但是需要花费大量的时间和金钱。

摄像师可以仅仅扛着摄像机在陆地上奔跑，但结果呢? 拍摄的影像当然就不稳定，动作发生颤抖，这些镜头让人想起纪录片或电视新闻，当观众看到颤抖的影像时，便会想到这个镜头是抢拍的，有时候这种镜头比仔细修饰过的平滑镜头更为真实。

在现实世界中不容易得到平稳的影像，但是在计算机世界中完美的稳定则是天经地义的，有时候需要随机移动一下摄像机，以增加纪录片的效果，这时你可以利用虚拟的颤抖效果来破坏这种完美性。

在 3ds Max 中，创建镜头抖动的效果非常简单，只需为摄像机的位置控制分配一个噪波控制器。但摄像机的运动是独立于背景的，如果在现场中抖动摄像机，电影屏幕依然是静止的，这可能产生一定程度的幻觉。这种方法的另一个优点是，允许将场景运动模糊应用在虚拟电影屏幕上，你可以为现场镜头添加运动模糊，甚至可以在拍摄完毕以后添加。

3) 地震效果

一般情况下，希望在颤抖发生之前及之后，能够有准备地、可预见地控制摄像机位置，噪波控制器的随机性使摄像机在颤抖开始和结束时不在同一位置，早一些指定位置列表控制器可以补偿位置的差异。

在运动面板中加入一个噪波位置控制器，噪波位置控制器产生摄像机的随机位移，以模仿地震所产生的震感。噪波控制器设置可以精确控制位移的随机值。

4) 眩晕效果

Alfred Hitchcock 的同名电影使眩晕技术远近闻名，Hitchcock 使用这个技术来显示主要人物高度的恐惧感，当对象静止时，摄像机远离它，这样就改变了对象向下看的楼梯井的透视效果，因此能够创建出一种使它变深而且更加恐惧的效果。

摄像师合理地应用了变焦镜头在拍摄中能够不断地剧烈变化视角的能力，通常目标是静止的，而摄像机朝着或背着摄像机运动，当两者之间的距离改变时，镜头的焦距也随之改变，使得与画面相比物体大小不变，这样一来背景就好像被缩放了，但物体大小保持不变，这就创建出一种非常怪异的效果，这种效果也用作"移向或背向目标－台车"的变化。

5) 时间停滞效果

所谓时间停滞效果，在很多电影镜头中常被用到，它是一种很特殊的镜头效果。例如，在电影《黑客帝国》里运用了这样的镜头对时间停滞效果做了一个恰到好处的诠释，影片中人物在空中翻转，接着在悬空的时候，其实场景中的人物是静止不动的，只是摄像机在旋转，感觉整个场景都转了起来，就好像在人物的周围有序地排列着很多的摄像机，我们所看到的就是每个摄像机所拍摄到的对应角度的画面，这样连接起来，就形成了所谓的时间停滞效果，如图 4-22 所示。

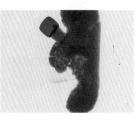

图 4-22

4.3.3 摄像机匹配

目前，为了恰当地模拟真实世界摄像机的镜头焦距，这意味着使用一个 35mm 的摄像机镜头。通过虚拟场景来合成动态图像时，35mm 摄像机所拍摄的图像现在能恰当地与现实摄像机匹配，使用摄像机跟踪装置，动态图像现在同样也能被恰当匹配。

如果在配置中没有摄像机跟踪系统，可以使用摄像机匹配把虚拟摄像机匹配到照片或动画中，摄像机匹配特性要求知道被摄物体在照片或动画上所占的比例，从而恰当地把虚拟摄像机匹配到场景中，这意味着需要知道真实世界场景的规模和位置，如果你没有这个信息，那么摄像机匹配将可能产生错误的结果。

1 摄像机匹配背景图像

实践 14：摄像机匹配背景图像

① 首先要建立渲染器的位图背景。重置 3ds Max，并使透视图充满整个屏幕。

② 选择菜单【渲染】|【环境】命令，打开【环境和效果】面板，如图 4-23 所示。

图 4-23

③ 单击【环境贴图】下的【无】按钮，从列表中选择【位图】选项并单击【确定】按钮，将出现【选择位图图像文件】对话框。

④ 导航并选择相应的位图，然后单击【打开】按钮，自动启用【贴图】。

⑤ 要建立显示在视图中的位图背景。选择菜单【视图】|【视口背景】|【环境贴图】命令，背景出现在视图中，如图 4-24 所示。

⑥ 在 ⚙【创建】菜单中，启用 🔍（辅助对象），再从下拉列表中选择【摄影机匹配】选项，然后在【对象类型】卷展栏上启用【摄影机点】，在场景中的任意位置创建摄影机点对象，如图 4-25 所示。

⑦ 重新选择其中的每个对象，使用【变换输入】来输入它们的绝对坐标。现在【摄影机点】对象占用实际坐标位置，该位置与位图图像中的结构相对应，如图 4-26 所示。

图 4-24

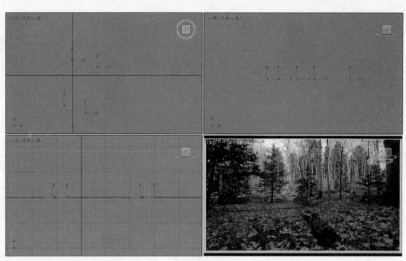

图 4-25

8 接下来要使用【透视匹配】工具来指定屏幕坐标点，并且基于该数据生成摄影机位置。在 ↗工具面板上，单击【透视匹配】按钮，显示【透视匹配控制】面板，如图 4-27 所示。

9 单击【显示没影直线】按钮，在透视图中查看透视参考线，如图 4-28 所示。

图 4-26

图 4-27

图 4-28

如果圆点不在正确位置，可以用鼠标再次单击或调整【输入屏幕坐标】以调整其位置。

10 使用【平移视图】工具、【视野】工具 和【环绕子对象】工具 调整透视图，使透视空间中的 X、Y 和 Z 轴线与位图基本匹配，以此确定摄像机的位置和角度，如图 4-29 所示。

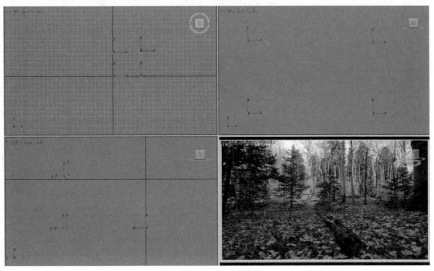

图 4-29

11 设置完所有点后，选择菜单【创建】|【摄像机】|【从视图创建标准摄像机】命令，在场景中创建摄像机，如图 4-30 所示。

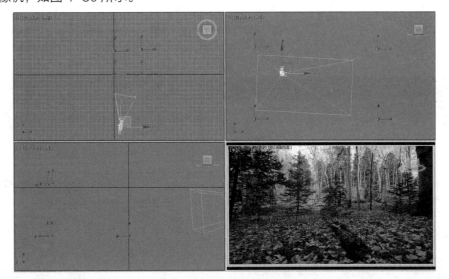

图 4-30

如果正在读取的当前的摄像机错误大于 5 个，则至少 1 个屏幕坐标点放置错误。请检查每个坐标点，重新指定这些点后，选择现有的摄像机并单击"修改摄像机"按钮，可重新计算摄像机的位置。

[12] 按 C 键将透视图切换到新摄像机的摄像机视图。通过添加几个模型，其中包括 1 个小球和 1 把椅子。查看摄像机的自动匹配效果，如图 4-31 所示。

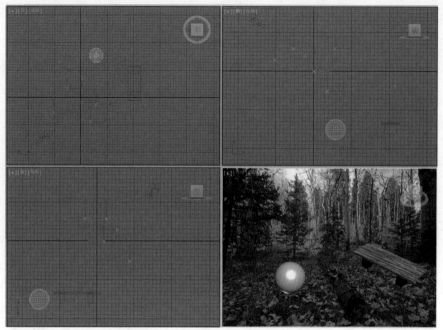

图 4-31

② 无光投影材质

实践 15：无光投影材质

[1] 设置环境图片，创建摄像机，如图 4-32 所示。

[2] 参照背景图片创建一个地面，调整摄像机的角度，使地面与图片的地面近似匹配，如图 4-33 所示。

图 4-32

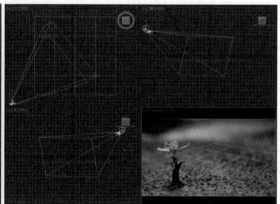

图 4-33

[3] 单击按钮 ，渲染摄像机视图，如图 4-34 所示。

[4] 打开材质编辑器，选择一个空的材质球，应用【无光投影】材质，并赋予地面，渲染摄像机视图，如图 4-35 所示。

[5] 创建一个板状长方体，放置于地面上，如图 4-36 所示。

[6] 创建两个泛光灯，给予最简单的照明。赋予玻璃材质，再次渲染摄像机视图，如图 4-37 所示。

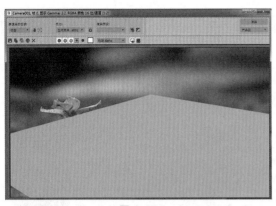

图 4-34

图 4-35

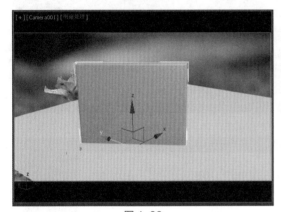

图 4-36

图 4-37

对于实拍的视频素材，跟踪摄像机并与三维创建的场景匹配是特效制作很重要的部分。这方面有很多种跟踪软件供我们使用。下面以 PF Track 为例，讲解一下跟踪数据的应用。

实践 16：PF Track 跟踪数据的应用

1️⃣ 打开 PF Track 2017 软件，创建一个项目，并指定文件路径。

2️⃣ 单击按钮▉，导入一段实拍的视频，添加 Auto Track 节点，如图 4-38 所示。

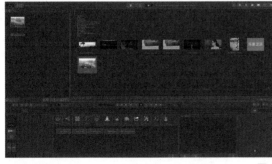

图 4-38

3️⃣ 单击 Auto-Track 按钮开始跟踪运算，如图 4-39 所示。

4️⃣ 添加 Camera Solver 节点，单击 Solve All 按钮解算摄像机，如图 4-40 所示。

5️⃣ 单击底端的播放按钮，查看跟踪点和辅助网格随场景摄像机运动的效果，如图 4-41 所示。

6️⃣ 在视图中选择 1 个跟踪点 (比如廊桥附近的 1 个跟踪点)，单击 Set Origin 按钮重新设置空间坐标原点，如图 4-42 所示。

7️⃣ 添加 Export 节点，在底端弹出输出设置面板，如图 4-43 所示。

图 4-39

图 4-40

图 4-41

8　选择输出的数据类型为 3ds Max Script，单击 Export Scene 按钮，会很快弹出输出成功信息提示。

9　打开 3ds Max 2017 软件，选择菜单【脚本】|【运行脚本】命令，调入刚才存储的跟踪数据文件，如图 4-44 所示。

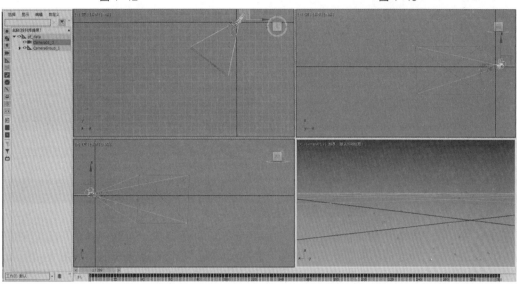

图 4-42 图 4-43

图 4-44

[10] 单击播放按钮 ▶，查看摄像机与跟踪点的运动效果，如图 4-45 所示。

图 4-45

[11] 导入刚才跟踪的视频作为场景的背景贴图，如图 4-46 所示。

[12] 创建一个立体文字"水上花园"，与小桥上的一个参考点对齐，如图 4-47 所示。

图 4-46 图 4-47

13 单击播放按钮 ▶，查看立体文字在实拍场景中的运动情况，如图 4-48 所示。

图 4-48

4.4 特效综合实践——果汁电视广告

这是一个果汁的电视广告，主要在 3ds Max 2017 中创建模型和设置材质，不仅应用粒子创建飞溅的液滴，还应用变形器创建水滴变成皇冠的动画效果。最终影片预览效果如图 4-49 所示。

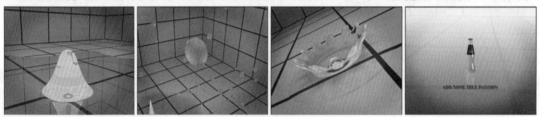

图 4-49

创意思路

通常在饮料广告创作中多采用 3D 技术，来展现产品的造型、饮料的液滴、营养元素的丰富多样以及口感的甜润激爽等。当然也有实景拍摄的，以完全实际的镜头来表现产品的特点。

本片就是饮料广告创作形式的一种代表，但本片没有渲染华丽的 3D 特效技术，而是通过一种巧妙的构思，简约的效果，突出创意的灵感。在画面方面，格子空间中一片清澈的水上变化出一种瓶子的形状，并从瓶口处飞出无数的液滴，液滴清凉透亮映衬出背景的格子造型，然后液滴又融入另一片水中，溅起水花，变换出饮料产品的包装。

4.4.1 喷溅的水花

1 打开 3ds Max 2017 软件，新建一个场景，选择菜单【渲染】|【渲染设置】命令，打开【渲染设置】对话框，在【输出大小】栏中选择【HDTV(视频)】项，在右侧的尺寸中选择 1280×720，如图 4-50 所示。

2 创建一条曲线，命名为"水花 1"，如图 4-51 所示。

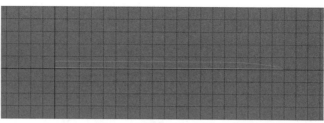

图 4-50　　　　　　　　　　　　　　　　　　图 4-51

3 添加【车削】修改器，设置参数，如图 4-52 所示。

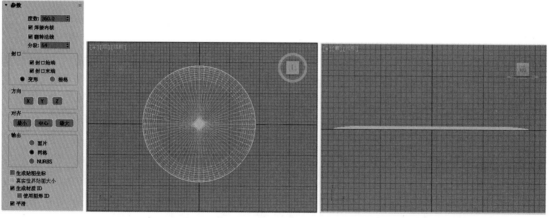

图 4-52

4 为了能使几何体的中间部分能够变形，需要增加分段数。选择该几何体，添加【编辑多边形】修改器，在【选择】栏中单击【边】按钮，以边的模式进行选择，如图 4-53 所示。

5 在工具栏中切换到圆形选区，然后在顶视图中由几何体的中心拖曳直到选择中间分段数比较少的区域，如图 4-54 所示。

6 在【编辑边】卷展栏中单击【连接】右侧的设置按钮，然后在顶视图中调整分段数到 16，此时可以看到增加了很多红色的圆形线条，如图 4-55 所示。

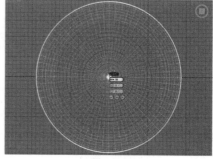

图 4-53　　　　　　　　　　　　图 4-54　　　　　　　　　　　　图 4-55

7 单击【应用】按钮✅，该几何体就增加了分段数，为了能使中心区域有更细致的变形，还需要对这一区域增加段数。滚动鼠标滚轮放大显示，然后圈选中心分段数比较少的区域，如图 4-56 所示。

8 在【编辑边】卷展栏中单击【连接】右侧的设置按钮▣，然后在顶视图中调整分段数到 6，此时可以看到增加了很多红色的圆形线条，如图 4-57 所示。

9 单击【应用】按钮✅，该几何体就增加了分段数。缩小显示顶视图，可以整体查看几何体增加分段之后的情况，如图 4-58 所示。

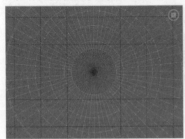
图 4-56

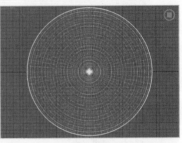
图 4-57

图 4-58

10 添加【FFD(长方体)4×8×8】修改器，调整控制点，改变几何体的形状，如图 4-59 所示。

11 在底部的时间标尺上拖曳当前指针到 70 帧，激活【自动关键点】按钮 自动关键点 ，继续调整 FFD 的控制点，改变几何体的形状，如图 4-60 所示。

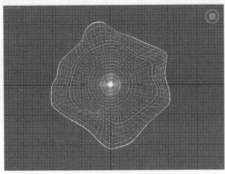
图 4-59

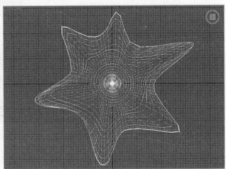
图 4-60

12 在时间标尺上交换两组关键帧的位置，创建几何体模拟液体由不规则的边缘向中心部分收缩的动画，如图 4-61 所示。

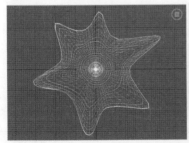
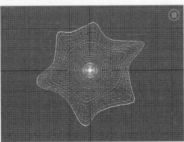
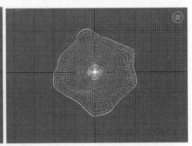
图 4-61

13 添加【编辑多边形】修改器，添加选择中央部分的点，如图 4-62 所示。

14 展开【软选择】卷展栏，勾选【使用软选择】复选框，并设置参数，如图 4-63 所示。

15 添加【FFD 4×4×4】修改器，调整控制点，改变几何体的形状，创建几何体中央部分长高的动画。在底部的时间标尺上拖曳当前指针到 70 帧，激活【自动关键点】按钮 自动关键点 ，调整 FFD 的控制点，改变几何体的形状，如图 4-64 所示。

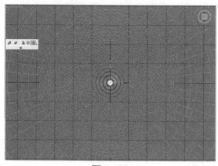
图 4-62

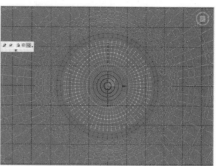
图 4-63

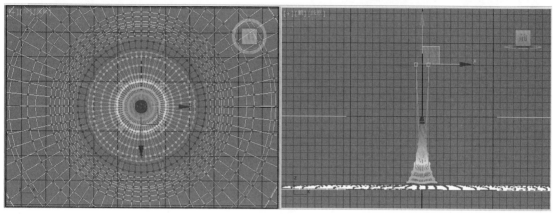
图 4-64

[16] 拖曳当前时间指针，查看几何体的变形动画效果，如图 4-65 所示。

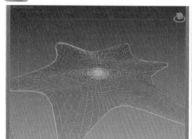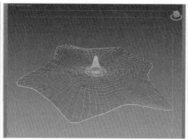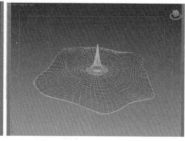
图 4-65

[17] 创建一个立方体，调整位置和大小，内侧作为一个封闭的空间背景，如图 4-66 所示。

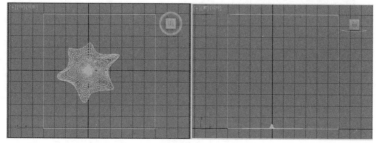
图 4-66

[18] 创建一个摄像机，调整摄像机视图，如图 4-67 所示。

[19] 在立方体的左侧面上创建溅起水花的几何体。首先绘制一条曲线，命名为"水花2"，如图 4-68 所示。

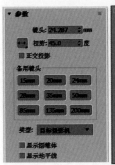
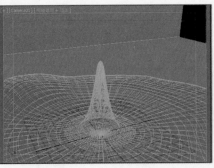

图 4-67　　　　　　　　　　　　　　　　图 4-68

20　添加【车削】修改器，如图 4-69 所示。

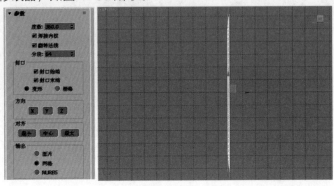

图 4-69

21　添加【编辑多边形】修改器，细化网格。放大显示左视图，在选择栏中单击按钮，以【边】的模式进行选择，如图 4-70 所示。

22　在工具栏中切换到圆形选区，然后在顶视图中由几何体的中心拖曳直到选择中间分段数比较少的区域，如图 4-71 所示。

23　在【编辑边】卷展栏中单击【连接】右侧的设置按钮，然后在顶视图中调整分段数到 16，此时可以看到增加了很多红色的圆形线条，如图 4-72 所示。

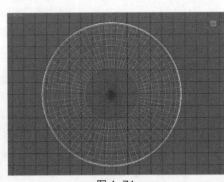
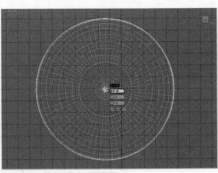

　图 4-70　　　　　　　　图 4-71　　　　　　　　图 4-72

24　单击【应用】按钮，该几何体就增加了分段数。为了能使溅起水花的区域有更细致的变形，还需要对这一区域增加段数。滚动鼠标滚轮放大显示，单击选择线段，然后在【选择】卷展栏中单击【环形】，很容易就选择了这个区域，如图 4-73 所示。

25　在【编辑边】卷展栏中单击【链接】右侧的设置按钮，然后在顶视图中调整分段数到 6，此时可以看到增加了很多红色的圆形线条，如图 4-74 所示。

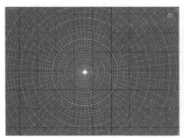 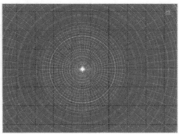 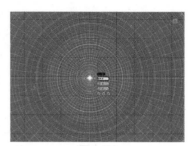

图 4-73　　　　　　　　　　　　　　　　　　图 4-74

26　单击【应用】按钮，该几何体就增加了分段数。缩小显示左视图，可以整体查看几何体增加分段之后的情况，如图 4-75 所示。

27　复制该几何体，命名为"水花 2-01"，添加【FFD(长方形)】修改器，调整形状，使水滴变成皇冠的形状，如图 4-76 所示。

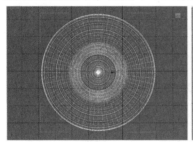 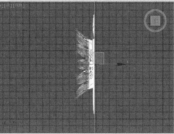 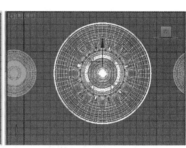

图 4-75　　　　　　　　　　　　　　　　　　图 4-76

28　再一次复制该几何体，命名为"水花 2-02"，调整形状，变成水滴溅起的形状，如图 4-77 所示。

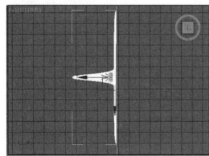 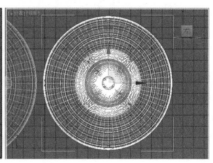

图 4-77

29　创建水滴溅起的动画，在 170 帧、200 帧和 240 帧设置【FFD(长方形)】修改器控制点的关键帧，如图 4-78 所示。

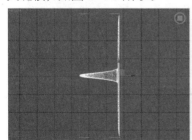 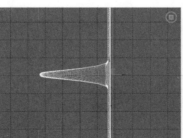 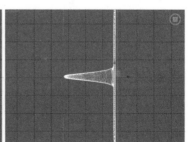

图 4-78

30　选择几何体"水花 2"，添加【变形器】，在【通道列表】中第 1 个空白列表上单击鼠标右键，然后从场景中选择几何体"水花 2-01"，如图 4-79 所示。

31 采用相同的方法，在第 2 个通道列表中添加"水花 2-02"，如图 4-80 所示。

图 4-79 图 4-80

32 在场景中隐藏作为变形目标的几何体"水花 2-01"和"水花 2-02"。

33 接下来设置"水花 2"的变形动画。首先设置缩放关键帧，170 帧时为 46%，190 帧时为 82.5%，230 帧时为 60%。

34 设置变形器的动画。设置第 1 个通道的关键帧：180 帧时为 0、210 帧时为 100%、250 帧时为 0；设置第 2 个通道的关键帧：230 帧时为 0、280 帧时为 100。拖曳当前时间指针，查看动画效果，如图 4-81 所示。

 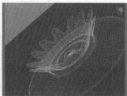  

图 4-81

35 设置摄像机的动画。从第 1 个几何体"水花 1"移动镜头到第 2 个几何体"水花 2"。

36 选择摄像机，在属性面板中勾选【显示属性】组中的【轨迹】，可以查看摄像机运动的路径，如图 4-82 所示。

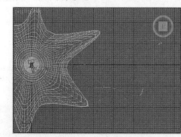 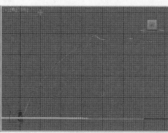 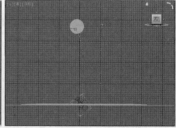

图 4-82

37 拖曳时间线，查看动画效果，如图 4-83 所示。

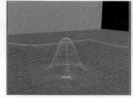   

图 4-83

4.4.2　飞溅的液滴

1 创建一个粒子【超级喷射】，设置参数，如图 4-84 所示。

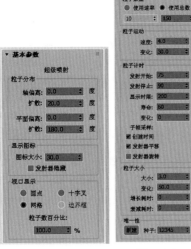

图 4-84

2 拖曳当前时间指针，查看粒子的动画效果，如图 4-85 所示。

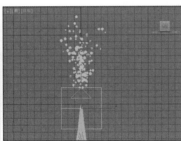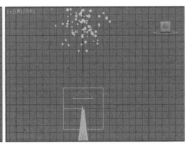

图 4-85

3 创建一个风力 Wind01，调整参数和方向，如图 4-86 所示。

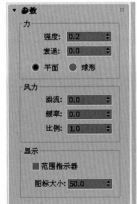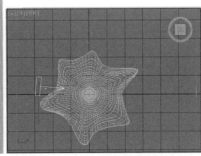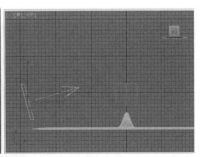

图 4-86

4 选择绑定工具，绑定超级粒子与风力，粒子就接受了风力的作用，如图 4-87 所示。

5 拖曳当前时间指针，查看摄像机视图中粒子随风飘动的效果，如图 4-88 所示。

6 创建一个小球，命名为"液滴 01"，具体参数设置如图 4-89 所示。

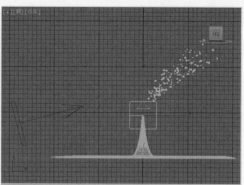

图 4-87

图 4-88

7 添加【噪波】修改器，设置参数，如图 4-90 所示。

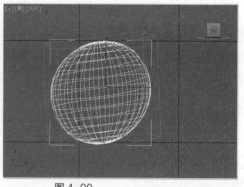

图 4-89   图 4-90

8 添加【FFD(长方体)2×2×2】修改器，调整控制点的位置，改变液滴的形状，并设置 65 帧到 100 帧的动画，使得更具有液态的动感，如图 4-91 所示。

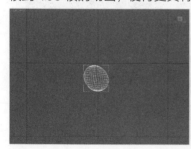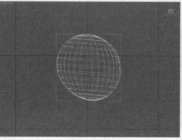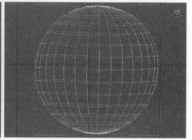

图 4-91

9 创建小球"液滴 01"在 60 帧到 180 帧之间从几何体"水花 1"飞行到"水花 2"并进入其中的动画。选择"液滴 01"，单击鼠标右键，从弹出的快捷菜单中选择【对象属性】命令，打开【对象属性】面板，勾选【显示属性】组中的【轨迹】，查看小球运动的路径，如图 4-92 所示。

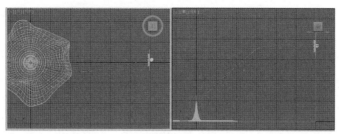

图 4-92

10 拖曳当前时间指针，在摄像机视图中查看液滴的运动效果，如图 4-93 所示。

图 4-93

11 创建一个粒子【超级喷射】，自动命名为"SuperSpray02"，设置具体参数，如图 4-94 所示。

图 4-94

12 调整发射器的位置，与"液滴 01"对齐，并链接为"液滴 01"的子对象，调整粒子图标的箭头方向与运动方向相反，如图 4-95 所示。

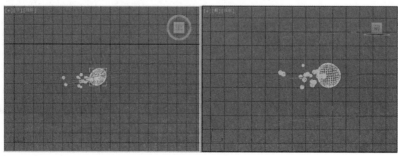

图 4-95

13 创建一个【风力】，自动命名为【Wind02】，调整风向，设置风力的参数，如图 4-96 所示。

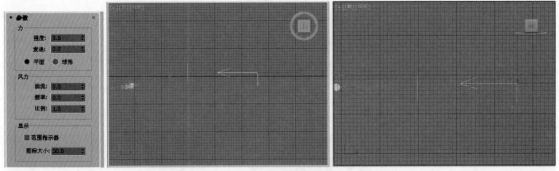

图 4-96

14 拖曳当前时间指针，查看第 2 个超级粒子的动画效果，如图 4-97 所示。

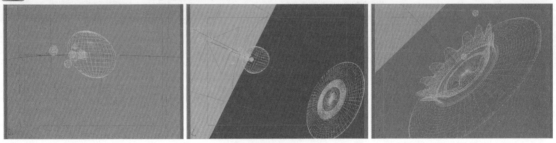

图 4-97

15 为了获得比较理想的构图，可以根据需要调整"液滴 01"的运动轨迹，或者添加关键帧。单击播放按钮▶，在摄像机视图中查看水花和液滴的动画效果，如图 4-98 所示。

图 4-98

4.4.3 果汁材质

1 创建一个泛光灯，分别在顶视图、前视图和左视图中调整光源的位置，如图 4-99 所示。

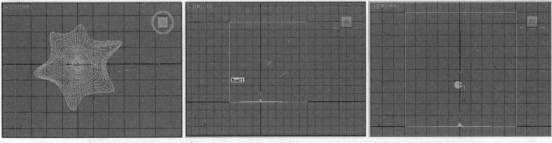

图 4-99

2 调整泛光灯的参数，如图 4-100 所示。

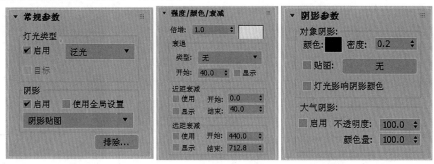

图 4-100

3 设置立方体墙面的材质。打开材质编辑器，选择一个空白材质球，命名为"墙"，勾选【双面】，设置漫反射颜色值为 (R:205，G:205，B:205)，调整高光级别和光泽度等参数，如图 4-101 所示。

4 单击【漫反射贴图】后面的贴图类型方块，添加【平铺】贴图，设置平铺纹理对应的颜色为白色，砖缝纹理对应的颜色值为 (R:51，G:51，B:51)，具体参数设置如图 4-102 所示。

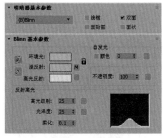

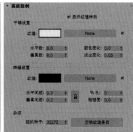

图 4-101   图 4-102

5 在场景中选择立方体"墙面"，在材质编辑器中单击按钮 ，将材质赋予"墙面"。

6 再选择一个空白材质球，命名为 water01，选择明暗器类型为【半透明明暗器】，设置高光级别、光泽度以及不透明度参数，调整半透明颜色值为 (R:203，G:129，B:0)，过滤颜色值为 (R:255，G:90，B:0)，如图 4-103 所示。

7 展开【贴图】卷展栏，单击【折射】右侧的贴图类型方块，添加【光线跟踪】贴图，可以很清楚地看到材质球的彩色透明和折射效果，如图 4-104 所示。

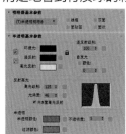
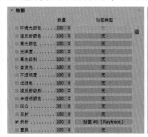

图 4-103   图 4-104

8 将材质球拖曳到场景中的几何体"水花 1"上，赋予材质【water01】，激活摄像机视图，然后单击按钮 ，渲染场景，查看果汁的液体效果，如图 4-105 所示。

9 在材质编辑器中拖曳材质球 water01 到下一个材质球，重命名为 water02，调整漫反射颜色值为 (R:128，G:128，B:128)，半透明颜色颜色值为 (R:123，G:0，B:80) 以及过滤颜色颜色值为 (R:148，G:121，B:216)，如图 4-106 所示。

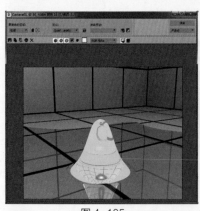

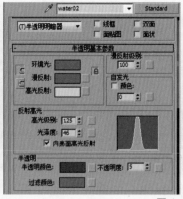

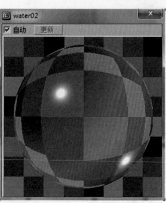

图 4-105 图 4-106

10 将该材质赋予飞行的小球"液滴 01"和超级粒子 SuperSpray01。

11 在材质编辑器中拖曳材质球 water02 到下一个材质球，重命名为 water03，调整半透明颜色值为 (R:180，G:0，B:0) 和过滤颜色值为 (R:137，G:121，B:216)，如图 4-107 所示。

12 将该材质赋予超级粒子 SuperSpray02。

13 在材质编辑器中拖曳材质球 water02 到下一个材质球，重命名为 water04，调整半透明颜色值为 (R:29，G:29，B:29) 和过滤颜色值为 (R:80，G:148，B:161)，如图 4-108 所示。

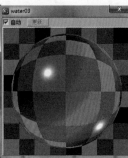

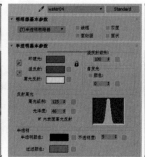

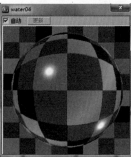

图 4-107 图 4-108

14 将该材质赋予几何体"水花 2"。

15 确定激活摄像机视图，拖曳当前时间指针，单击按钮渲染场景，查看果汁材质的效果，如图 4-109 所示。

图 4-109

16 保存工程文件。选择菜单【渲染】|【渲染设置】命令，在【公用】参数栏中选择【活动时间段】选项，单击【文件】按钮，设置渲染输出文件的名称、格式和存储位置，如图 4-110 所示。

17 单击右上角的【渲染】按钮，开始场景的渲染。

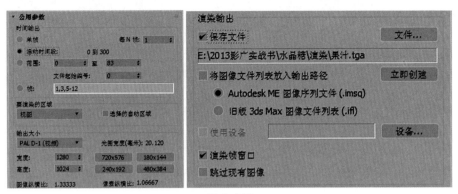

图 4-110

4.4.4 玻璃瓶包装

1 新建一个场景，在前视图中创建一条曲线，命名为"瓶子"，如图 4-111 所示。

2 添加【车削】修改器，调整旋转参数，如图 4-112 所示。

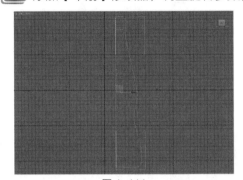

图 4-111

图 4-112

3 选择菜单【渲染】|【环境】命令，打开【环境和效果】对话框，添加一个渐变贴图作为环境贴图，如图 4-113 所示。

4 打开材质编辑器，拖曳环境贴图到一个空白材质球，在弹出的对话框中选择【实例】选项，然后在材质编辑器中调整渐变贴图，如图 4-114 所示。

图 4-113

图 4-114

5 命名为"玻璃"，选择【半透明明暗器】，设置漫反射、半透明颜色、过滤颜色以及透明度等参数，如图 4-115 所示。

6 在【贴图】卷展栏中选择折射贴图为【光线跟踪】，复制该贴图到反射，设置反射的强度为

15%，如图 4-116 所示。

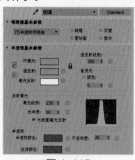
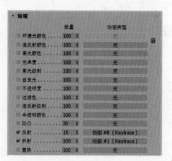

图 4-115   图 4-116

7 单击对应反射的贴图【光线跟踪】，进入下一级设置面板，设置背景贴图，如图 4-117 所示。

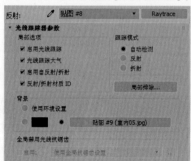

图 4-117

8 创建一个摄像机，调整摄像机视图，如图 4-118 所示。

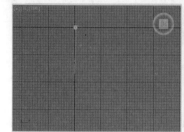
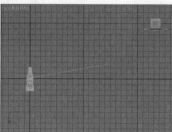

图 4-118

9 由于整个场景比较简单，我们采用两点光照明。创建两个泛光灯，调整位置，如图 4-119 所示。

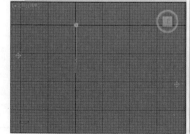
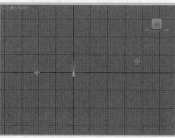
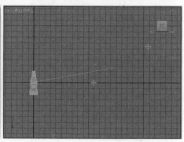

图 4-119

10 在顶视图中选择左边的泛光灯，在【强度/颜色/衰减】卷展栏中设置【倍增】数值为 0.3，作为辅助光源。确定激活摄像机视图，单击按钮，渲染场景，查看玻璃瓶子的效果，如图 4-120 所示。

11 复制几何体"瓶子"，重命名为"商标"，添加【编辑网格】修改器，选择部分多边形，删除其余部分，如图 4-121 所示。

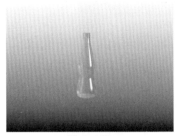
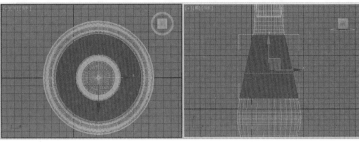

图 4-120　　　　　　　　　　　　　　　图 4-121

12　添加【UVW 贴图】修改器，设置具体参数，如图 4-122 所示。

13　在材质编辑器中选择一个空白材质球，命名为"商标"，设置漫反射颜色值为 (R:150，G:150，B:150)，调整高光级别和光泽度等参数，如图 4-123 所示。

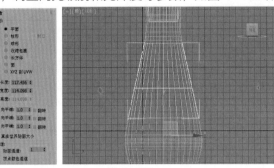

图 4-122　　　　　　　　　　　　　　　图 4-123

14　展开【贴图】卷展栏，指定一张漫反射贴图，如图 4-124 所示。

图 4-124

15　单击按钮，渲染摄像机视图，查看场景效果，如图 4-125 所示。

16　创建一个星形线条，命名为"瓶盖"，设置星形的参数，如图 4-126 所示。

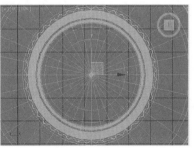

图 4-125　　　　　　　　　　　　　　　图 4-126

17　添加【倒角】修改器，设置倒角参数，如图 4-127 所示。

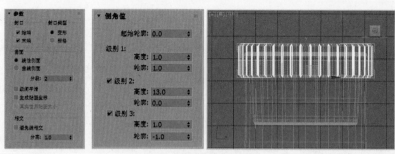

图 4-127

18 添加【编辑网格】修改器，修整瓶盖顶底倒角的圆滑形状，如图 4-128 所示。

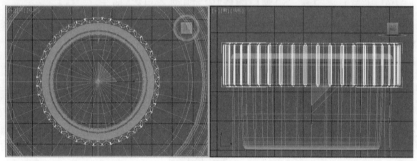

图 4-128

19 添加【涡轮平滑】修改器，使用默认参数。查看细化后模型的效果，如图 4-129 所示。

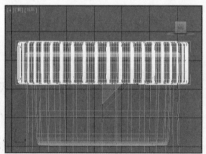 

图 4-129

20 在材质编辑器中选择一个空白材质球，命名为"瓶盖"，设置漫反射颜色值为 (R:102，G:0，B:98)，调整高光级别和光泽度等参数，如图 4-130 所示。

21 单击按钮，渲染场景，查看饮料包装的最后效果，如图 4-131 所示。

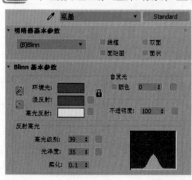 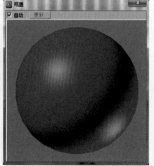 

图 4-130   图 4-131

22 单击按钮，存储目前渲染的文件，设置名称、格式和存储位置。

4.4.5 后期合成

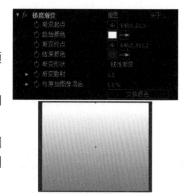

1️⃣ 打开 After Effects CC 2017 软件,新建一个合成,选择预设 "HDV/HDTV 720 25",设置时间长度为 15 秒。

2️⃣ 新建一个纯色图层,添加【梯度渐变】滤镜,设置参数,如图 4-132 所示。

3️⃣ 导入三维渲染序列 "果汁 [0000-0300].tga",拖曳到时间线上,选择菜单的【图层】|【变换】|【适合复合】命令,使图层的大小与合成的尺寸匹配。

图 4-132

4️⃣ 选择菜单【图层】|【时间】|【启用时间重映射】命令,在时间线面板中会在 0 秒和 12 秒自动添加两个关键帧,调整该图层的长度由 12 秒延长到 15 秒。

5️⃣ 设置图层的不透明度关键帧,11 秒时【不透明度】的数值为 100,12 秒时为 4。拖曳时间线指针,查看合成预览效果,如图 4-133 所示。

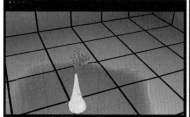  

图 4-133

6️⃣ 导入果汁包装的图片 "包装.tga",设置该图层在时间线上的入点为 10 秒,调整位置和大小,如图 4-134 所示。

7️⃣ 选择【椭圆工具】■,绘制一个圆形蒙版,设置【蒙版羽化】的值为 20,设置【遮罩路径】从 10 秒到 11 秒 5 帧之间的关键帧,创建跟随液体溅起的动画,如图 4-135 所示。

 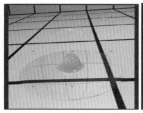 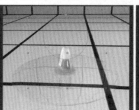 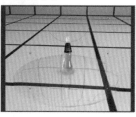

图 4-134 图 4-135

8️⃣ 设置该图层的混合模式为【叠加】,查看合成预览效果,如图 4-136 所示。

9️⃣ 复制该图层,删除蒙版,调整图层的混合模式为【正常】,添加【曲线】滤镜,稍稍提高亮度,如图 4-137 所示。

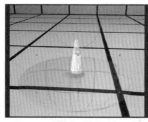 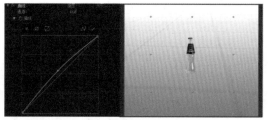

图 4-136 图 4-137

🔟 设置该图层的淡入动画,设置【不透明度】的关键帧,11 秒时数值为 0,12 秒时为 100。

11 复制该图层，重命名为"包装倒影"，调整【缩放】的数值为 (38，–38%)，呈倒影效果。

12 添加【线性擦除】滤镜，设置具体参数，如图 4-138 所示。

13 选择该图层的混合模式为 Soft Light，查看合成预览效果，如图 4-139 所示。

图 4-138

图 4-139

14 新建一个调整图层，选择【椭圆工具】 ，绘制一个圆形蒙版，在时间线面板中设置【蒙版羽化】的值为 100，并勾选【反转】项，然后添加【曲线】滤镜，降低亮度，如图 4-140 所示。

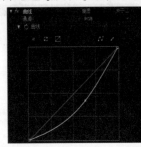 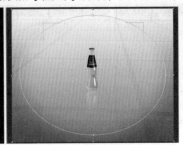

图 4-140

15 新建一个浅蓝色纯色图层，颜色值为 (R:61，G:148，B:255)，选择混合模式为【强光】，设置【不透明度】的关键帧，11 秒时为 20，12 秒时为 8，如图 4-141 所示。

 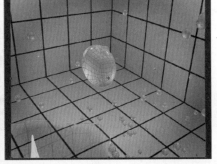

图 4-141

16 添加【色相/饱和度】滤镜，设置【主色相】参数的关键帧，0 秒时为 80，6 秒时为 50，12 秒时为 0。拖曳时间线指针，查看合成预览效果，如图 4-142 所示。

图 4-142

17 选择【文本工具】 **T**，输入字符 ADD SOME TRUE PASSION，设置字符属性，调整文本到合适的位置，如图 4-143 所示。

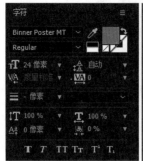 

图 4-143

18 设置该文本层在时间线上的入点为 12 秒，选择文本动画预设 Blurs 组中的 Blur Train 项，然后调整关键帧的位置分别在 12 秒和 12 秒 20 帧，改变文本动画的速度，拖曳时间线指针，查看文本的动画效果，如图 4-144 所示。

图 4-144

19 添加背景音乐"055.wav"，设置出入点，查看音频的波形，如图 4-145 所示。

图 4-145

20 单击播放按钮 ，查看影片的合成效果，如图 4-146 所示。

图 4-146

第 5 章

瑞城房产广告

　　本章主要讲解一个应用影视后期合成软件 After Effects CC 2017 综合制作的广告实例，内容涉及到校色、三维合成、摄像机运动、灯光投影以及照片转化立体空间等技巧，是对合成知识的拓展和综合运用，希望能给读者一个关于影视广告在创意和制作时的启发。

5.1　创意与故事板

　　任何影视广告的创作都开始于对行业的分析，在把握行业当前状况后，确定符合项目特点的广告主题，然后延伸出广告创意，紧接着是广告片制作工作的有序推进。

　　房地产是一个特殊的行业，涉及的领域广泛，在广告中可表现的元素有很多，可以写实，也可以写虚。在当前时代，房地产广告通常多采用"虚""实"相结合的方式，"实"是基础，"虚"是情感，共同展现项目的特点，但必须紧紧围绕本次广告主题展开，遵循广告创意理念，使用最贴切的广告表现方式，实现广告宣传的最终目的。

　　本广告片的故事板如图 5-1 所示。

图 5-1

　　在画面表现方面，本条广告片的第一个场景是由远及近地拉开镜头，为本片及本项目塑造了一种意境，奠定了全片的基调和风格。接下来的画面着眼于实际，在镜头的运动中展现项目的外观（别墅的建筑风格），紧接着镜头进入大厅，旋转角度展示大厅布局，然后切换到厨房、书房等功能布局区，最后回到主题画面平静的湖泊上，在塑造意境的同时，用不同的画面展示了一个坐落于山水之间的高档别墅项目。

　　在文字表现方面，自然、平静、阳光、整洁、卓识等字眼，以点睛之笔刻画了项目的内外布局和空间特点。语言精练、大气，而英文表达手法渲染出一种浓浓的意蕴。

　　在音乐表现方面，全片节奏舒缓流畅，自然优美，为全片意境的烘托创造了柔美听觉。

　　本片整体风格简约而不简单，大气而不绚烂，以明确的方式，直观的视角，较低的技术成本，完成了一条具有影响力和冲击力的影视广告之作。

5.2　视频合成

技术要点

　　在 After Effects 中应用三维合成和摄像机技巧，完全使用图片素材制作一条房地产的电视广告片。

⊕ 5.2.1 外景山水拉镜头

1 首先来看一下第 1 个镜头的参考图，并创建多个元素构建一个三维的场景，如图 5-2 所示。

2 打开 After Effects CC 2017 软件，新建一个合成，命名为"外景山水"，选择预设"PAL D1/DV"，时间长度为 6 秒。

3 创建一个 20mm 的摄像机。

4 导入图片"背景""风景 01""大岛""中岛"和"小岛"，激活三维属性。

5 设置双视图显示，在顶视图和左视图中，调整这几个图层在纵深方向的位置关系，如图 5-3 所示。

图 5-2   图 5-3

6 切换到摄像机视图，查看合成预览效果，如图 5-4 所示。

7 选择图层"风景 01"，预合成，重命名为"山峰"。

8 双击打开预合成，为图层绘制蒙版，设置【蒙版羽化】为 30，如图 5-5 所示。

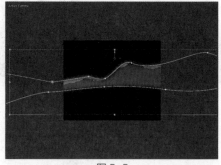

图 5-4   图 5-5

9 导入图片"风景 02"，预合成，重命名为"云动"，调整图层的【缩放】和【位置】参数，绘制蒙版，调整羽化值，如图 5-6 所示。

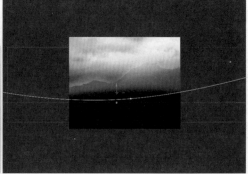

图 5-6

10 双击打开预合成"云动"，新建一个浅灰色纯色图层，颜色值为 (R:218，G:218，B:218)，放置于底层。

11 选择图层"风景 02"，调整【缩放】为 133%，【不透明度】为 40%，如图 5-7 所示。

12 分别在合成的起点和终点设置该图层的位置关键帧，使图层从左端移动到右端，创建模拟云流动的动画，如图 5-8 所示。

图 5-7　　　　　　　　　　　　　　　　　　　　图 5-8

13 新建一个调整图层，添加【曲线】滤镜，调整曲线形状，调高亮度和对比度，如图 5-9 所示。

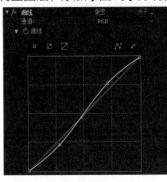

图 5-9

14 切换回到合成"山峰"，拖曳当前指针，查看动画效果，如图 5-10 所示。

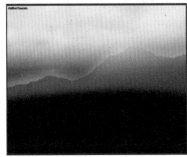
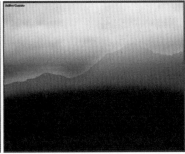
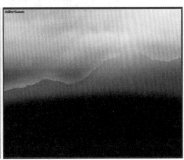

图 5-10

15 切换回到合成"外景山水"，选择图层"山峰"，激活变换塌陷▣，查看合成预览效果，如图 5-11 所示。

16 选择图层"大岛"，复制一次，重命名为"大倒影"，调整图层的缩放比例和位置参数，降低该图层的【不透明度】为 40%，模拟倒影，如图 5-12 所示。

17 采用相同的方法创建"中岛"和"小岛"的倒影，如图 5-13 所示。

图 5-11　　　　　　　　　　图 5-12　　　　　　　　　　图 5-13

18 复制图层"山峰"，重命名为"山峰倒影"，调整图层的缩放比例，设置【不透明度】为 30%，模拟倒影效果，如图 5-14 所示。

19 选择图层"山峰倒影"，添加【线性擦除】滤镜，调整参数，消除比较明显的山峰倒影，强化距离感，如图 5-15 所示。

| 图 5-14 | 图 5-15 |

20 在时间线面板中展开摄像机属性，激活景深选项，调整焦距、光圈等参数，如图 5-16 所示。

21 新建一个空对象，激活三维属性，链接摄像机为"空 1"的子对象。

22 设置"空 1"的位置关键帧，合成的起点时【位置】的数值为 (360,288,185)，终点时数值为 (256，288，-441)，模拟摄像机的拉镜头动画，在顶视图可以查看运动路径，如图 5-17 所示。

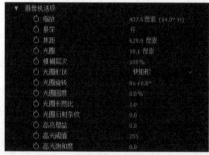
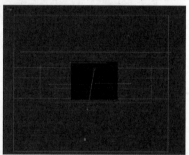

| 图 5-16 | 图 5-17 |

23 拖曳时间线指针，查看动画效果，如图 5-18 所示。

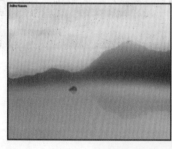

图 5-18

24 新建一个调整图层，添加【曲线】滤镜，调整曲线形状，提高亮度和对比度，如图 5-19 所示。

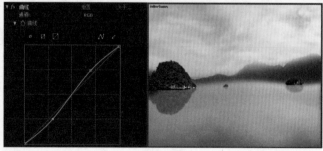

图 5-19

25　至此，第 1 个镜头完成。单击播放按钮 ▶ ，查看动画效果，如图 5-20 所示。

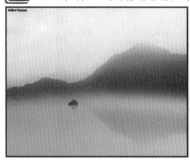

图 5-20

5.2.2　别墅推镜头

1　新建一个合成，命名为"镜头 2"，选择预设"PAL D1/DV"，设置时间长度为 6 秒。

2　创建一个 20mm 的摄像机。

3　导入图片"别墅""树""草堆 01""草堆 02"和"草堆 03"，激活三维属性 。

4　设置双视图显示，在顶视图和左视图中，调整这几个图层在纵深方向的位置关系，如图 5-21 所示。

5　切换到摄像机视图，查看合成预览效果，如图 5-22 所示。

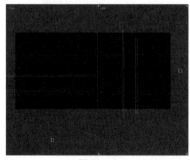

图 5-21　　　　　　　　　　　　图 5-22

6　选择图层"树"，添加【颜色键】滤镜，抠除白色的背景，如图 5-23 所示。

7　可以根据自己的喜好重新调整各图层，尤其是"树"和"草堆"的位置，获得比较满意的构图。

8　选择图层"别墅"，添加【曲线】滤镜，调整亮度和对比度，如图 5-24 所示。

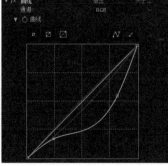

图 5-23　　　　　　　　　　　　图 5-24

9　在时间线面板中展开摄像机属性，激活【景深】选项，调整焦距、光圈等参数，并设置【焦距】

的关键帧，0 秒时数值为 230，4 秒时为 246，如图 5-25 所示。

图 5-25

[10] 设置摄像机的位置关键帧，在合成的起点时【位置】的数值为 (−130,−157,−463.6)，4 秒 01 帧时数值为 (−125.1,−157,−254.1)，模拟摄像机推镜头的动画。在顶视图可以查看运动路径，如图 5-26 所示。

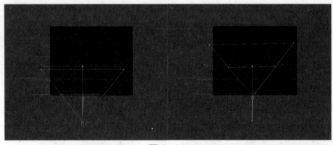

图 5-26

[11] 新建一个空对象，命名为"空 2"，激活三维属性🖼，链接摄像机为其子对象。

[12] 设置"空 2"的位置关键帧，在合成的起点时【位置】的数值为 (396,445,0)，终点时数值为 (447,445,0)，横向调整摄像机的位置，在前视图可以查看运动路径，如图 5-27 所示。

[13] 切换到摄像机视图，拖曳时间线指针，查看合成预览效果，如图 5-28 所示。

图 5-27   图 5-28

🎬 5.2.3　客厅旋转镜头

[1] 新建一个合成，命名为"镜头 3"，选择预设"PAL D1/DV"，时间长度为 4 秒。

[2] 导入图片"客厅"，拖曳到时间线上。

[3] 创建一个 24mm 的摄像机，创建一个点光源，勾选【投影】选项，如图 5-29 所示。

[4] 新建一个白色纯色图层，命名为"地面"，激活三维属性，调整角度和位置，作为三维空间的地面，如图 5-30 所示。

[5] 添加【网格】滤镜，如图 5-31 所示。

[6] 复制"地面"，重命名为"墙左"，调整位置和角度，如图 5-32 所示。

[7] 复制"墙左"，重命名为"墙右"，调整位置，如图 5-33 所示。

图 5-29

图 5-30

图 5-31

图 5-32

图 5-33

8 复制"地面",重命名为"窗",调整位置和角度,如图 5-34 所示。

9 复制"地面",重命名为"顶",调整位置,如图 5-35 所示。

图 5-34

图 5-35

10 展开【材质选项】属性栏,设置【接受灯光】选项为【关】,如图 5-36 所示。

11 因为背景图的拍摄角度和透视变形都比较严重,不太容易与这些图层构成的立体空间相匹配。

选择摄像机工具，参照客厅的墙角处，调整摄像机视图，使地面、墙和窗尽可能与背景图匹配，如图 5-37 所示。

图 5-36　　　　　　　　　　　　　　　　图 5-37

[12] 根据需要调整图层的大小和位置，但主要相邻的两个图层不能有间隙，如图 5-38 所示。

[13] 关闭这几个图层的【网格】滤镜，如图 5-39 所示。

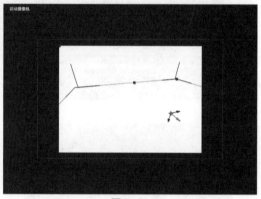

图 5-38　　　　　　　　　　　　　　　　图 5-39

[14] 在顶视图和左视图中调整灯光的位置，放在摄像机的附近偏后一点就可以，如图 5-40 所示。

[15] 在时间线面板中复制图层"客厅"，重命名为 proj，激活三维属性 ，展开【材质选项】属性栏，选择【投影】选项为【仅】，设置【透光率】为 100%，如图 5-41 所示。

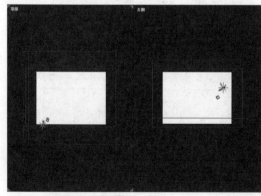

图 5-40　　　　　　　　　　　　　　　　图 5-41

[16] 调整该图层的缩放比例为 3%，调整位置并靠近在灯光的前面，如图 5-42 所示。

[17] 根据需要调整角度和位置，在摄像机视图中查看该图层投影在地面、墙面等图层上的图像接近背景图像的内容。调整摄像机视图，检查地面、墙面和窗等图层接受投影所获立体空间的效果，如图 5-43 所示。

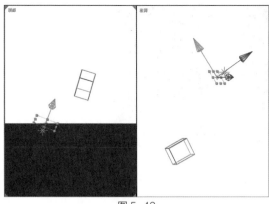

图 5-42   图 5-43

18 关闭背景图层"客厅"的可视性，拖曳时间线指针到合成的起点，调整摄像机和目标点的位置，并创建关键帧，如图 5-44 所示。

图 5-44

19 拖曳时间线指针，查看立体空间的摄像机动画效果，如图 5-45 所示。

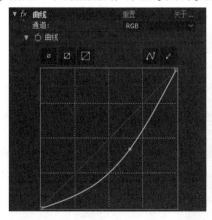

图 5-45

20 新建一个调整图层，添加【曲线】滤镜，降低亮度，如图 5-46 所示。

图 5-46

21 新建一个黑色图层层，设置宽度为 720，高度为 1000。

22 添加【网格】滤镜，如图 5-47 所示。

 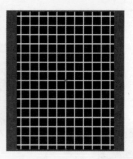

图 5-47

23 选择菜单【图层】|【预合成】命令，将该图层进行预合成，在弹出的对话框中选择第二项，如图 5-48 所示。

24 双击打开新的预合成，新建一个黑色纯色图层，绘制一个矩形蒙版，在时间线面板中展开蒙版属性栏，勾选【反转】项，如图 5-49 所示。

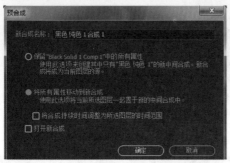 

图 5-48   图 5-49

25 选择底层，添加【高斯模糊】滤镜，设置【模糊度】为 10。

26 激活合成"镜头 3"，选择底层的预合成，激活 3D 属性，调整位置，使网格与玻璃窗对齐，设置混合模式为【相加】，如图 5-50 所示。

27 添加 Shine 滤镜，创建玻璃窗投射光线的效果，如图 5-51 所示。

图 5-50   图 5-51

28 复制该图层，调整位置，使另一边的玻璃窗也投射光线，如图 5-52 所示。

图 5-52

29　单击播放按钮 ，查看合成预览效果，如图 5-53 所示。

图 5-53

5.2.4　完成合成

1　新建一个合成，命名为"镜头 4"，选择预设"PAL D1/DV"，时间长度为 6 秒。

2　导入图片"厨房"，拖曳到时间线上。

3　选择菜单【图层】|【变换】|【适合复合】命令，使图片与合成尺寸匹配，如图 5-54 所示。

4　添加 SA Color Finesse3 滤镜，调整色调和对比度，如图 5-55 所示。

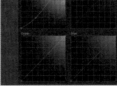

图 5-54　　　　　　　　　　　　　　　　　　　　图 5-55

5　新建一个合成，命名为"镜头 5"，选择预设"PAL D1/DV"，时间长度为 5 秒。

6　导入图片"书房"，拖曳到时间线上。

7　选择菜单【图层】|【变换】|【适合复合】命令，使图片与合成尺寸匹配，如图 5-56 所示。

8　添加【曲线】滤镜，调整亮度和对比度，如图 5-57 所示。

9　激活 3D 属性 ，然后创建一个 20mm 的摄像机，设置摄像机和目标点位置的关键帧，创建推镜头的动画，如图 5-58 所示。

10　新建一个品蓝色纯色图层，激活三维属性 ，调整位置和大小。

11　设置【不透明度】为 25%，混合模式为【相乘】，查看合成预览效果，如图 5-59 所示。

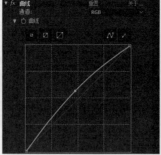

图 5-56   图 5-57

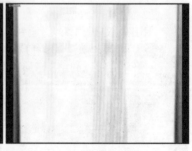

图 5-58

[12] 选择钢笔工具 ，绘制一个自由蒙版，设置羽化值为 100，如图 5-60 所示。

图 5-59   图 5-60

[13] 添加【分形杂色】滤镜，设置具体参数，如图 5-61 所示。

图 5-61

14 单击播放按钮▶,查看合成预览效果,如图 5-62 所示。

图 5-62

15 新建一个合成"完成",选择预设"PAL D1/DV",时间长度为 25 秒。

16 导入音频文件,拖曳到时间线上,展开音频波形,根据节奏设置入点为 2 分 55 秒 09 帧。

17 设置【音频电平】的关键帧,创建音频淡入和淡出的效果,如图 5-63 所示。

图 5-63

18 从项目窗口中拖曳合成"外景山水"到时间线上,放置于合成的起点。

19 拖曳合成"镜头 2"到时间线上,入点为 5 秒 08 帧,按 T 键展开不透明度属性,创建淡入效果,设置 5 秒 08 帧时【不透明度】的关键帧数值为 0,5 秒 24 帧时为 100。

20 拖曳合成"镜头 3"到时间线上,入点为 9 秒 10 帧,设置【不透明度】的关键帧,设置 9 秒 10 帧时【不透明度】的数值为 0,10 秒 07 帧时为 100。

21 拖曳合成"镜头 4"到时间线上,入点为 12 秒 20 帧。

22 拖曳合成"镜头 5"到时间线上,入点为 17 秒,设置【不透明度】的关键帧,设置 17 秒时【不透明度】的数值为 0,17 秒 18 帧时为 100。

23 再次拖曳合成"外景山水"到时间线上,入点为 21 秒 24 帧。

24 选择菜单【图层】|【时间】|【启用时间重映射】命令,设置关键帧数值为 4 秒 18 帧,这样这一片段就静止在这一帧了,如图 5-64 所示。

图 5-64

25 查看时间线上各个片段的分布情况,如图 5-65 所示。

图 5-65

26 新建一个白色纯色图层,入点为 21 秒 20 帧,出点为 22 秒 04 帧,设置【不透明度】的关键帧,21 秒 20 帧时数值为 0,21 秒 24 帧时数值为 100,22 秒 04 帧时数值为 0。

27 选择文本工具,输入字符 Nature,设置字体、大小、颜色等文本属性,在合成视图中调整到合适的位置,如图 5-66 所示。

图 5-66

28 设置文本图层的入点为 1 秒 13 帧，出点为 4 秒 08 帧。

29 为文本添加动画预设。选择文本动画预设 Blur 组中的 Blur By Word 项。

30 设置该图层的不透明度的关键帧，3 秒 20 帧时数值为 100%，4 秒 08 帧时为 0。

31 添加【径向阴影】滤镜，如图 5-67 所示。

图 5-67

32 复制该文本图层，调整图层的入点为 5 秒 20 帧，修改字符为 Peaceful 并调整图层的位置，如图 5-68 所示。

33 复制该文本图层，调整图层的入点为 9 秒 16 帧，修改字符为 Sunshine 并调整图层的位置，如图 5-69 所示。

34 复制该文本图层，调整图层的入点为 13 秒 06 帧，修改字符为 Cleaning 并调整图层的位置，如图 5-70 所示。

图 5-68　　　　　　　　　　　　　图 5-69　　　　　　　　　　　　　图 5-70

35 复制该文本图层，调整图层的入点为 17 秒 23 帧，修改字符为 Sagacity 并调整图层的位置，如图 5-71 所示。

36 选择竖排文本工具，输入字符"瑞城花园"，设置字体、大小和位置，如图 5-72 所示。

37 设置图层的入点为 22 秒 09 帧，添加【不透明度】动画器，设置【不透明度】和【起始】的关键帧，如图 5-73 所示。

| 图 5-71 | 图 5-72 |

图 5-73

38 添加【径向阴影】滤镜，具体参数设置如图 5-74 所示。

图 5-74

39 新建一个调整图层，添加【曲线】滤镜，稍调高亮度和对比度，如图 5-75 所示。

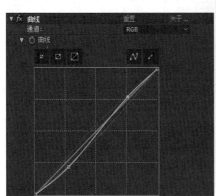

图 5-75

40 新建一个调整图层，绘制一个椭圆遮罩，设置羽化值为150，勾选【反转】选项。添加【曲线】滤镜，降低图像周边的亮度，如图5-76所示。

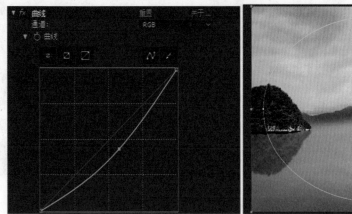

图 5-76

41 至此整个影片制作完成，保存工程文件。单击播放按钮 ▶，查看该影片的预览效果，如图5-77所示。

图 5-77

第6章

飞云裳影音网站宣传片

本章将通过一个影视技术论坛网站的宣传片，从创意到技术执行来深度使用After Effects CC 2017的粒子功能和技巧，控制粒子的发射器和粒子形状创建五彩的线条，并跟随具有节奏感的音乐有规律的跳动，巧妙应用粒子的繁殖特性增强空间感和视觉冲击力。

6.1 创意与故事板

在今天网站多如牛毛，竞争如此激烈的情况下，让一个网站在众多的对手中脱颖而出不是一件简单的事情。在网站功能趋向同质，广告宣传也趋向同质的时代，我们怎么才能打造出一条优秀的网站影视广告片？

首先，这条广告片的主题要明确，要能够准确真实地反映出网站特点；其次它的创意及表现方式要新颖独特，在画面表现方面，全片无任何网站界面实景，所有的视觉元素仅仅是一道道五彩线条的勾勒，或旋转，或舞动，或飞扬，变化万千，五彩斑斓，形成了一种独特的视觉冲击，吸引受众眼球。

我们设计的该片的故事板如图 6-1 所示。

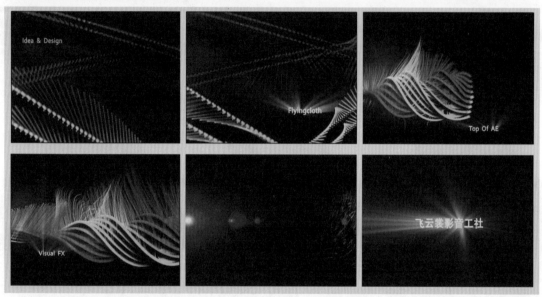

图 6-1

五彩的线条在有节奏感的音乐中仿佛乐谱一样进行着有规律的跳动，又配合乐曲的高潮，突然间的爆发，绚丽而有序，构成了强烈的视觉冲击力，在白色的闪光中托起品牌的定版。这正契合了飞云裳网站的特色——一个充满艺术气息的网站。

当然字幕的作用在其中不可小视，Idea & Design、Top of AE 和 Visual FX 既点明了网站的核心，又揭示出艺术的主题。

6.2 After Effects 特效制作

技术要点

在 After Effects 中应用粒子特技和光斑组合。

6.2.1 粒子网格空间

1 打开 After Effects CC 2017 软件，新建一个合成，命名为"发射层 -1"，尺寸为 550×200，时间长度为 2 分。

2 新建一个黑色纯色图层，添加【梯度渐变】滤镜，如图 6-2 所示。

3 添加【色光】滤镜，为渐变上色，如图 6-3 所示。

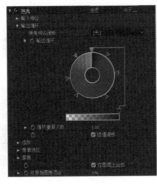

图 6-2

图 6-3

4 添加【色相 / 饱和度】滤镜，调整色相角度，如图 6-4 所示。

5 新建一个合成，命名为"粒子束 -1"，选择预设"PAL D1/DV"，时间长度为 2 分。

6 从项目窗口中拖曳合成"发射层 -1"到时间线上，激活 3D 属性 ■，关闭其可视性。

7 新建一个黑色纯色图层，命名为"粒子 01"，添加 Particular 滤镜。展开【发射器】选项组，设置发射器参数，选择【发射器类型】为【图层网格】，如图 6-5 所示。

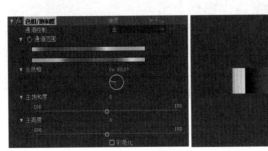

图 6-4

图 6-5

8 展开【图层发射器】选项组，选择发射图层为"发射层 -1"，设置其他参数，如图 6-6 所示。

9 展开【粒子】选项组，设置粒子的寿命、形状和尺寸等参数，如图 6-7 所示。

10 展开【条纹】选项组，设置参数，如图 6-8 所示。

图 6-6

11 展开【生命期大小】选项组，绘制贴图，控制粒子尺寸随生命的变化，如图 6-9 所示。

12 展开【生命期透明度】选项组，绘制贴图，控制粒子的不透明度随生命的变化，如图6-10所示。

13 展开【辅助系统】选项组，设置参数，如图 6-11 所示。

14 展开【生命期大小】贴图，绘制贴图，控制粒子尺寸随生命的变化，如图 6-12 所示。

15 创建一个 135mm 的摄像机，调整摄像机的位置，获得比较理想的构图，如图 6-13 所示。

图 6-8

图 6-7

图 6-9 图 6-10

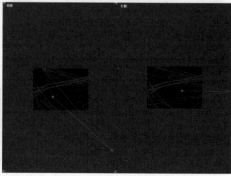

图 6-11 图 6-12 图 6-13

16 拖曳当前指针，查看粒子动画效果，如图 6-14 所示。

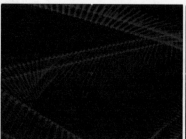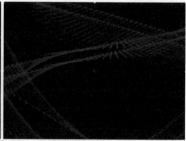

图 6-14

6.2.2 多彩粒子生长特效

1 在项目窗口中复制合成"发射层 -1"，命名为"发射层 -2"，调整【色光】滤镜的参数，如图 6-15 所示。

2 调整【色相 / 饱和度】滤镜的参数，如图 6-16 所示。

3 新建一个合成，命名为"粒子束 -2"，选择预设"PAL D1/DV"，时间长度为 2 分。

4 从项目窗口中拖曳合成"发射层 -2"到时间线上，激活 3D 属性 ⬚，关闭其可视性。

5 新建一个黑色图层，命名为"粒子 02"，添加 Particular 滤镜。

6 展开【发射器】选项组，设置发射器参数，选择【发射器类型】为【图层网格】，如图 6-17 所示。

7 展开【图层发射器】选项组，选择发射图层为"发射层 -2"，设置其他参数，如图 6-18 所示。

8 展开【粒子】选项组，设置粒子的寿命、形状和尺寸等参数，如图 6-19 所示。

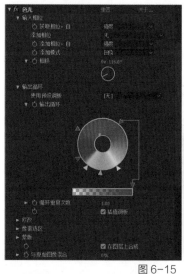

图 6-15

图 6-16

图 6-17

图 6-18

图 6-19

9 展开【条纹】选项组，设置参数，如图 6-20 所示。

10 展开【生命期大小】选项组，绘制贴图，控制粒子尺寸随生命的变化，如图 6-21 所示。

图 6-20

图 6-21

11 拖曳时间线指针，查看粒子的动画效果，如图 6-22 所示。

图 6-22

12 展开【辅助系统】选项组，设置参数，如图 6-23 所示。

13 展开【生命期大小】选项组，绘制贴图，控制粒子尺寸随生命的变化，如图 6-24 所示。

图 6-23

图 6-24

14 展开【生命期不透明度】选项组，选择第二种贴图，控制粒子随生命时间透明度的变化，如图 6-25 所示。

15 展开【生命期颜色】选项组，设置颜色随生命的变化，如图 6-26 所示。

图 6-25

图 6-26

16 查看合成预览效果，如图 6-27 所示。

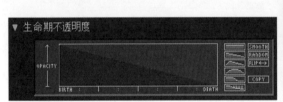

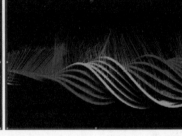

图 6-27

17 创建一个自定义的摄像机，设置摄像机的参数，如图 6-28 所示。

18 调整摄像机的位置，获得比较理想的构图，如图 6-29 所示。

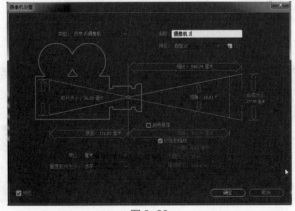

图 6-28

图 6-29

6.2.3　影片合成

1. 新建一个合成，命名为"字幕"，选择预设"PAL D1/DV"，设置时间长度为 20 秒。
2. 选择文本工具，输入字符 Idea & Design，设置字体、字号、颜色等属性，如图 6-30 所示。
3. 添加【快速模糊】滤镜，设置参数，如图 6-31 所示。

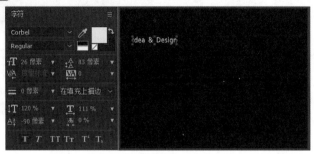

图 6-30　　　　　　　　　　　　　　　图 6-31

4. 设置横向模糊的关键帧，0 帧时【模糊度】的数值为 100，10 帧时为 0，2 秒 07 帧时为 0，2 秒 22 帧时数值为 100。拖曳时间线指针，查看文字的动画效果，如图 6-32 所示。

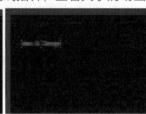

图 6-32

5. 复制文本图层，修改字符为 Flyingcloth、Top of AE 和 Visual FX，调整位置和大小，如图 6-33 所示。

图 6-33

6. 复制文本图层，修改字符为"飞云裳影音工社"，调整位置和大小，如图 6-34 所示。
7. 按 E 键展开滤镜属性，删除【快速模糊】的最后两个关键帧。
8. 新建一个合成，命名为"最终"，选择预设"PAL D1/DV"，设置时间长度为 20 秒。

图 6-34

9. 导入音乐文件，拖曳到时间线上，展开音频波形，设置入点为 0:00:02:07，如图 6-35 所示。

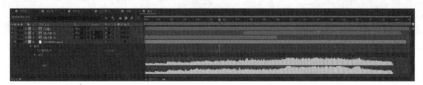

图 6-35

10 新建一个黑色图层，命名为"光斑"，添加 Optical Flares 滤镜，选择预设 Light(20) 组中的 Blur Spark 项，如图 6-36 所示。

11 在效果控件面板中调整参数，如图 6-37 所示。

图 6-36　　　　　　　　　　　　　　　　　　图 6-37

12 设置【位置 XY】的关键帧，16 秒时值为 (15.7,288)，16 秒 15 帧时值为 (391.7,288)。拖曳时间线指针，查看光斑动画效果，如图 6-38 所示。

图 6-38

13 设置【亮度】的关键帧，16 秒 15 帧时为 100，17 秒时为 1090，17 秒 05 帧时为 10。拖曳时间线指针，查看光斑的闪光效果，如图 6-39 所示。

图 6-39

14 添加【快速模糊】滤镜，设置【模糊度】的关键帧，9 秒 21 帧时数值为 200，16 秒时数值为。查看合成预览效果，如图 6-40 所示。

图 6-40

15 拖曳合成"粒子束 -1"到时间线上，设置入点为 20 秒 20 帧，对齐合成的起点，如图 6-41 所示。

16 设置图层的混合模式为【强光】，添加 Shine 滤镜，设置参数，如图 6-42 所示。

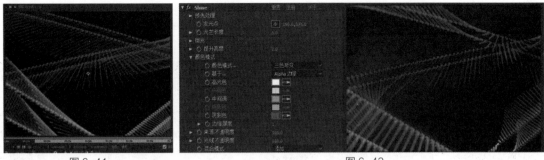

图 6-41　　　　　　　　　　　　　　　　图 6-42

17 拖曳合成"粒子束 -2"到时间线上，调整该图层在时间线上的入点为 7 秒 10 帧，设置图层混合模式为【相加】，如图 6-43 所示。

图 6-43

18 设置该图层的淡入效果，设置【不透明度】的关键帧，7 秒 10 帧时设置数值为 0，8 秒 17 帧时数值为 100。

19 拖曳合成"字幕"到时间线上，放置于顶层，设置图层混合模式为【相加】。添加 Shine 滤镜，设置参数，如图 6-44 所示。

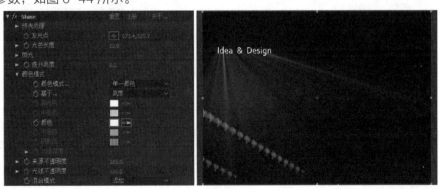

图 6-44

20 使文字产生扫光效果，设置【发光点】的关键帧，0 帧时数值为 (113,108)，2 秒时数值为 (45,108)。拖曳时间线指针，查看文字的扫光动画效果，如图 6-45 所示。

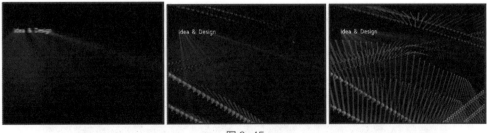

图 6-45

21 在时间线面板上右击 2 秒处的关键帧，从弹出的菜单中选择【切换定格关键帧】命令，设置该关键帧的插值为【保持】，方便于设置下一个【发光点】关键帧，直接跳到第 2 个字幕发光。

22 拖曳时间线指针到 4 秒 09 帧，调整【发光点】的数值为 (500,450)，第 2 个字幕开始发光，拖曳时间线指针到 7 秒，调整【发光点】的数值为 (606,450)。拖曳时间线指针，查看文字的扫光动画效果，如图 6-46 所示。

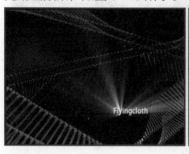

图 6-46

23 采用上面的方法，分别在适当的位置继续调整【发光点】的数值，为其他字幕的扫光设置关键帧，如图 6-47 所示。

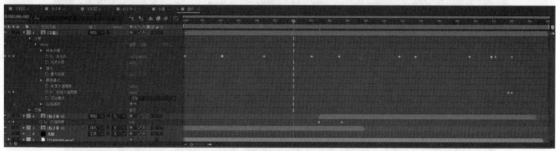

图 6-47

24 拖曳时间线指针到 17 秒 20 帧，激活【光线不透明度】前的码表创建关键帧，数值为 100%，拖曳时间线指针到 18 秒，调整【光线不透明度】的数值为 0，使光线消失。

25 拖曳时间线指针，查看字幕的发光效果，如图 6-48 所示。

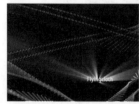

图 6-48

26 新建一个调节图层，添加 Curves 滤镜，调整曲线，稍提高亮度和对比度，如图 6-49 所示。

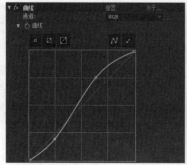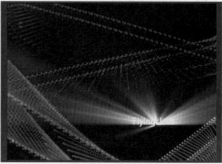

图 6-49

27 选择文本工具 **T**，输入字符"http://www.vfx798.cn"，设置字体、字号和颜色等属性，如图 6-50 所示。

图 6-50

28 为文字添加预设动画，选择 Animate In 组中的【打字机】项，在时间线中调整【起始】关键帧的位置，分别在 18 秒和 18 秒 20 帧。拖曳时间线指针，查看文本动画效果，如图 6-51 所示。

图 6-51

29 新建一个黑色图层，放置于顶层，长度为 8 帧，设置【不透明度】的关键帧，0 帧时【不透明度】的数值为 100，8 帧时数值为 0。

30 至此，整个实例制作完成。单击播放按钮 ▶，查看影片的预览效果，如图 6-52 所示。

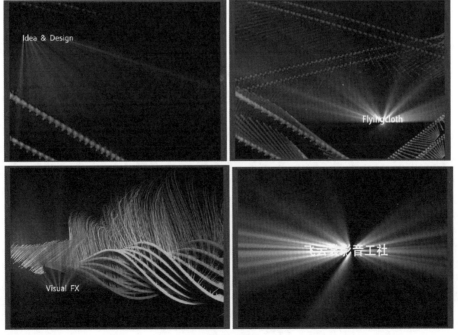

图 6-52

第 7 章

Logo 演绎

在影视广告的制作中，三维技巧的运用可以开阔创意空间，既可以模拟真实，也可以超越真实。在本章的实例中就使用了三维软件 3ds Max 2017 快捷的建模、超写实的材质和粒子汇聚的特技，通过演绎植物生长汇聚成 Logo，来传递一个文化传播公司的能量和广告主题。

7.1　创意与故事板

本片是一个公司 Logo 的广告片，采用一种演绎的手法，来展示 Logo 的变化和形成，从而衬托 Logo 的设计理念。在演绎变化中要沿着一种思想脉络展现，否则画面之间会出现断片的感觉。本片的故事板如图 7-1 所示。

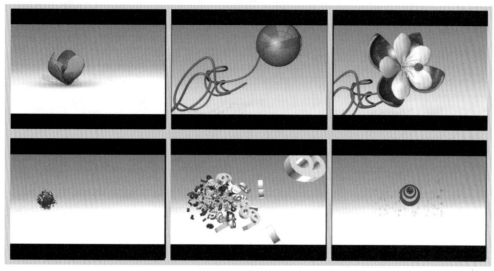

图 7-1

首先，本片采用了一种自然繁育的思想来定位创意。在本片的画面方面，一开始是一株生长的植物，随着绿叶的不断成长直至成熟，绿色的茎不断向外延伸，形成球状绿色的花蕾，花蕾绽放，黄色的花蕊中结出一粒红色的种子，这粒种子随风传播，直到最终爆发能量，发散出数字型的符号，这些数字型的符号最终汇聚在一起，形成了 Logo 造型。

本片的创作思想寓意深刻，通过一颗植物的生长、开花和结籽过程来展现，这种自然繁育的概念体现了一种企业理念、自然主义和人文主义。其次红色的种子变化出无数的数字符号，这体现了公司的性质，即数字传媒公司，点明了公司特点，契合了广告主题。

7.2　三维制作

7.2.1　生长动画

1　启动 3ds Max 2017 软件，选择菜单【渲染】|【渲染设置】命令，选择【输出预设】为【HDTV(视频)】，设置尺寸为 1280×720，如图 7-2 所示。

2　创建一个平面，重命名为"地面"。

3　创建一个 35mm 的摄像机，在顶视图、左视图以及前视图中调整摄像机的位置，获得需要的构图，如图 7-3 所示。

4　创建一个小球，分别设置位置和缩放属性的关键帧，创建小球落地变扁的动画，如图 7-4 所示。

5　创建一个平面，重命名为"叶片 01"，设置长宽分段

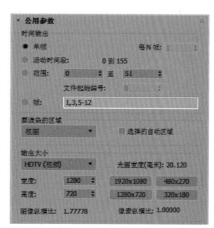

图 7-2

数均为 4，如图 7-5 所示。

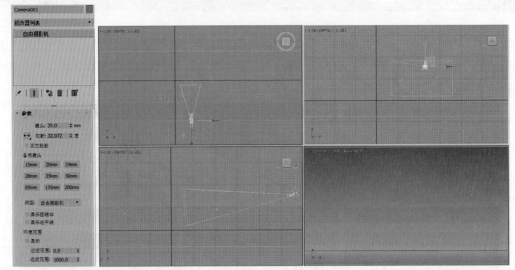

图 7-3

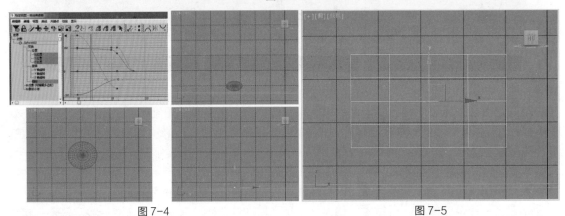

图 7-4   图 7-5

6　单击鼠标右键，在弹出的快捷菜单中选择【转换为】|【转换为可编辑多边形】命令。

7　单击按钮 ，选择【点】模式，调整点，使平面的外形接近于树叶，如图 7-6 所示。

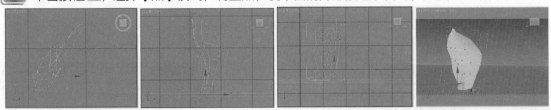

图 7-6

8　添加【壳】修改器和【网格平滑】修改器，接受默认设置即可，查看光滑之后的叶片效果，如图 7-7 所示。

9　设置【缩放】的关键帧，7 帧时数值为 0，9 帧时为 96。拖曳当前时间指针，查看叶片的动画效果，如图 7-8 所示。

10　多次复制树叶，调整位置、角度、大小以及缩放关键帧的时间点，模拟一朵花开的样子，如图 7-9 所示。

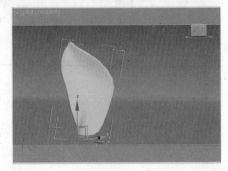

图 7-7

图 7-8

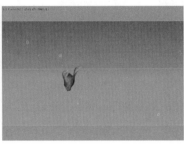

图 7-9

11　新建平面，重命名为"大叶 01"，设置长宽分段数均为 4，如图 7-10 所示。

12　单击鼠标右键，从弹出的快捷菜单中选择【转换为】|【转换为可编辑多边形】命令。

13　单击按钮 ，选择【点】模式，调整点，使平面的外形接近于叶片，如图 7-11 所示。

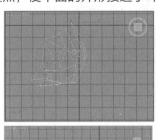

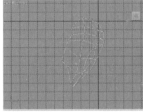

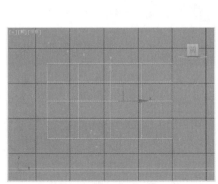

图 7-10　　　　　　　　　　　　　　　　　　图 7-11

14　添加【壳】修改器和【网格平滑】修改器，接受默认设置即可。

15　添加【弯曲】修改器，调整弯曲 Gizmo 的中心到叶片的底部，如图 7-12 所示。

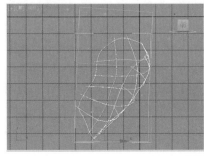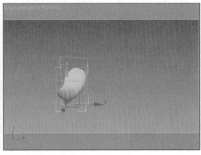

图 7-12

[16] 调整弯曲的方向为 −96.5 度，并设置【角度】的关键帧。5 帧时数值为 0，31 帧时为 −18.5 度，35 帧时为 −39.5 度。单击按钮，打开轨迹视图查看动画曲线，如图 7-13 所示。

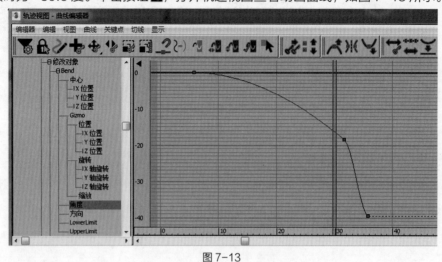

图 7-13

[17] 设置缩放关键帧。25 帧时数值为 0，28 帧时数值为 100。

[18] 两次复制"大叶 01"，调整角度和位置，与前面的树叶共同组成一个比较完整的开花的形状，如图 7-14 所示。

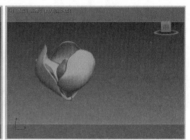

图 7-14

[19] 绘制一条样条线，命名为"茎 001"，如图 7-15 所示。

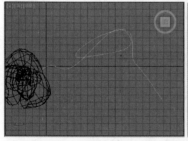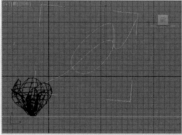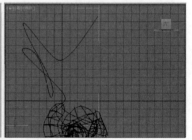

图 7-15

[20] 创建一个细圆柱，命名为"茎 01"，设置半径、高度和分段数，如图 7-16 所示。

[21] 添加【路径变形】变形器，单击【拾取路径】按钮，在视图中单击样条线"茎 001"，设置【路径变形】变形器参数，然后在视图中调整【路径变形】的 Gizmo，获得"茎 01"比较满意的形状，如图 7-17 所示。

[22] 打开轨迹视图，设置【可见性】的关键帧，40 帧时数值为 0，41 帧时数值为 1。

[23] 展开【路径变形】属性，设置【沿路径百分比】的关键帧，41 帧时数值为 108，53 帧时为 −9.5。

拖曳当前指针，查看"茎"的生长动画效果，如图 7-18 所示。

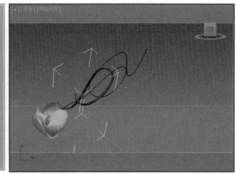

图 7-16   图 7-17

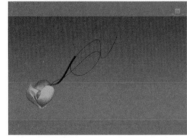

图 7-18

24 创建一个样条线，命名为"茎002"，如图 7-19 所示。

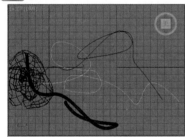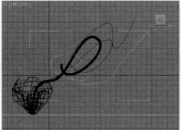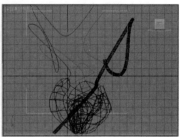

图 7-19

25 创建一个细圆柱，命名为"茎02"，设置半径、高度和分段数，如图 7-20 所示。

26 添加【路径变形】变形器，单击【拾取路径】按钮，在视图中单击样条线"茎002"，设置【路径变形】变形器参数，如图 7-21 所示。

27 在视图中调整【路径变形】的 Gizmo，获得"茎02"比较满意的形状，如图 7-22 所示。

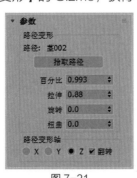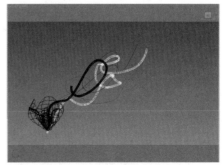

图 7-20   图 7-21   图 7-22

28 打开轨迹视图，设置【可见性】的关键帧，37 帧时数值为 0，40 帧时数值为 1。

29 展开【路径变形】属性，设置【沿路径百分比】的关键帧，40 帧时数值为 106，48 帧时为 0.5。

30 根据需要适当调整两条茎的位置和角度。拖曳当前指针，查看两条"茎"的生长动画效果，如图 7-23 所示。

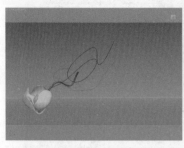 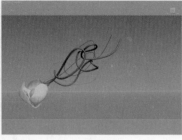 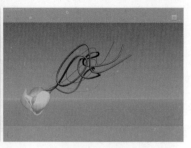

图 7-23

31 单击按钮，打开材质编辑器，选择一个空白的材质球，命名为"地面"，设置漫反射颜色、高光级别等参数，如图 7-24 所示。

32 展开【贴图】卷展栏，为【不透明度】添加一个【渐变】贴图，如图 7-25 所示。

 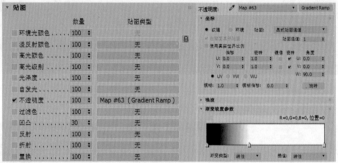

图 7-24　　　　　　　　　　图 7-25

33 选择菜单【渲染】|【环境】命令，为环境添加一个【渐变】贴图，并拖曳该贴图到一个空白材质球上，调整渐变参数，如图 7-26 所示。

34 选择第 1 个空白的材质球，命名为"树叶"，设置漫反射颜色、高光级别等参数，如图 7-27 所示。

35 添加【漫反射颜色】贴图和【凹凸】贴图，如图 7-28 所示。

36 单击漫反射颜色贴图，然后展开【输出】栏，勾选【启用颜色贴图】项，降低红色和绿色通道，调整贴图的颜色，如图 7-29 所示。

37 选择另一个空白的材质球，命名为"茎"，设置漫反射颜色、高光级别等参数，如图 7-30 所示。

38 展开贴图卷展栏，为【凹凸】项添加一个【噪波】贴图，如图 7-31 所示。

 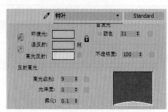

图 7-26　　　　　　　　　　图 7-27

39 分别将材质赋予相应的物体。单击顶部的按钮 ，渲染场景透视图，如图 7-32 所示。

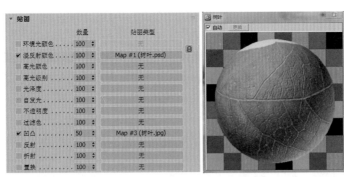

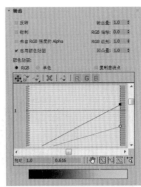

图 7-28

图 7-29

图 7-30

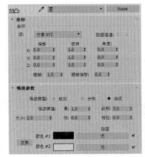

图 7-31

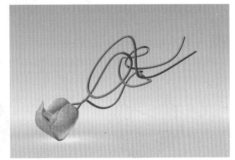

图 7-32

7.2.2　模拟开花

1 创建一个球体，命名为"叶子 001"，单击鼠标右键，转换成可编辑的多边形，选择面，删除多余的面，只留下四分之一部分的球面，如图 7-33 所示。

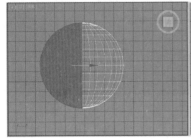

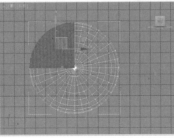

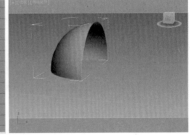

图 7-33

2 添加【壳】修改器，创建了叶片的厚度，如图 7-34 所示。

3 调整轴心点到底部的顶点位置，如图 7-35 所示。

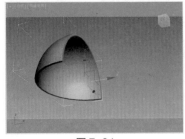

图 7-34

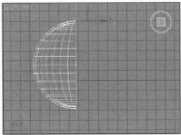

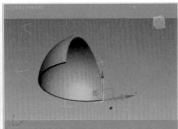

图 7-35

4 三次复制"叶子001",重命名为"叶子002""叶子003"和"叶子004",调整角度和位置,刚好组成一个圆球,如图7-36所示。

5 分别在53帧和76帧设置"叶子001"的【旋转】关键帧,创建叶子张开的动画,查看轨迹视图,如图7-37所示。

图 7-36   图 7-37

6 拖曳当前指针,查看圆球打开的动画效果,如图7-38所示。

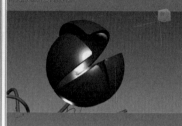

图 7-38

7 创建一个平面,重命名为"花",转换为可编辑多边形,然后调整多边形的点,呈花瓣的形状,如图7-39所示。

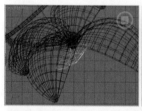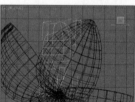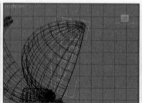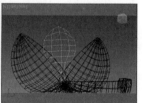

图 7-39

8 添加【壳】修改器,设置【外部量】数值为1,再添加【网格平滑】修改器,查看平滑后的花瓣效果,如图7-40所示。

9 调整轴线点到花瓣底部的顶点处,如图7-41所示。

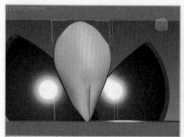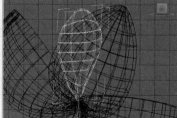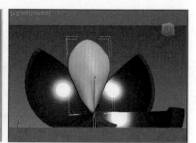

图 7-40   图 7-41

10 添加【UVW贴图】修改器,调整参数,如图7-42所示。

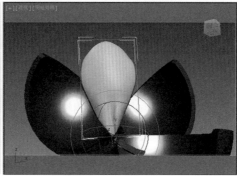

图 7-42

11 设置【缩放】的关键帧，模拟花瓣的生长动画，如图 7-43 所示。

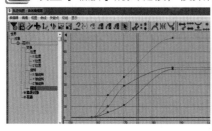

图 7-43

12 四次复制"花"，重命名为"花 002""花 003""花 004"和"花 005"，调整位置和角度，组成一个花朵的样子，如图 7-44 所示。

13 绘制一个样条线，命名为"花蕊 01"，如图 7-45 所示。

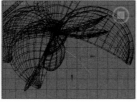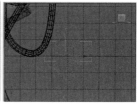

图 7-44　　　　　　　　　　　　　　　　　图 7-45

14 创建一个细圆柱，命名为"花蕊 001"，设置半径、长度、分段数等参数，如图 7-46 所示。

15 添加【路径变形】修改器，单击【拾取路径】按钮，在场景中单击样条线"花蕊 01"，设置参数，如图 7-47 所示。

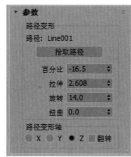

图 7-46　　　　　　　　　　　　　　　图 7-47

16 打开轨迹视图，设置【沿路径百分比】的关键帧，82 帧时数值为 -19.5，87 帧为 -16.5，设置【拉伸】的关键帧，76 帧时数值为 1，87 帧时为 26。拖曳当前指针，查看花蕊生长的动画效果，如图 7-48 所示。

图 7-48

17 复制"花蕊 01"八次，调整位置和角度，构成完整的花蕊，如图 7-49 所示。

图 7-49

18 分别创建一个半球和一个细圆柱，命名为"花心"，具体参数设置如图 7-50 所示。

19 选择细圆柱"花心"，创建复合对象【散布】，单击【拾取散布对象】按钮，单击半球，然后设置散布对象的参数，如图 7-51 所示。

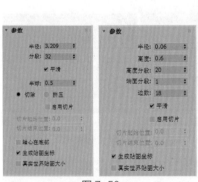

图 7-50 图 7-51

20 创建一个圆球，命名为"果实 01"，设置 82 帧到 155 帧之间的【位置】关键帧，查看运动轨迹，如图 7-52 所示。

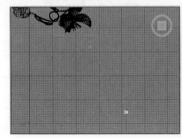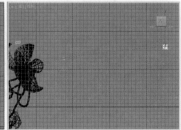

图 7-52

21 为匹配花蕊生长的动画，为小球"果实 01"设置【缩放】关键帧，查看轨迹视图，如图 7-53 所示。

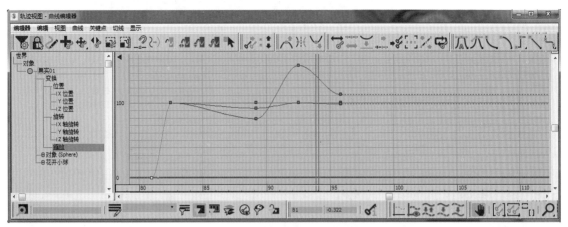

图 7-53

22 创建摄像机的移动动画，查看运动轨迹，如图 7-54 所示。

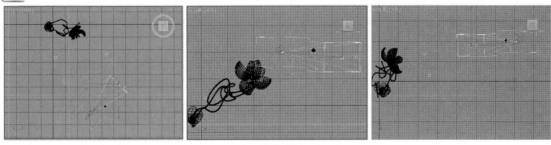

图 7-54

23 拖曳当前时间指针，查看摄像机视图的动画效果，如图 7-55 所示。

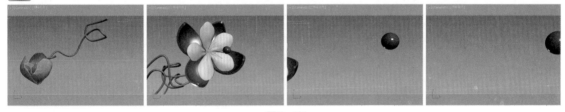

图 7-55

24 选择一个空白的材质球，命名为"花瓣"，设置漫反射颜色、高光级别等参数，如图 7-56 所示。

25 展开【贴图】卷展栏，为【漫反射】添加一个【位图】贴图，选择贴图文件，如图 7-57 所示。

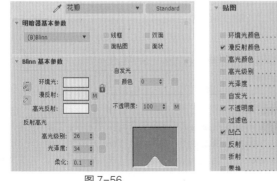

图 7-56

图 7-57

26 为【不透明度】添加一个【衰减】贴图，设置【衰减】贴图的参数，如图 7-58 所示。

27 设置【凹凸】强度为 30，指定凹凸贴图文件，如图 7-59 所示。

28 选择另一个空白的材质球，命名为"叶子"，设置漫反射颜色、高光级别等参数，如图 7-60 所示。

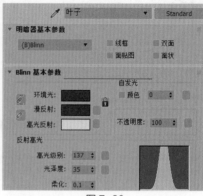

图 7-58　　　　　　　　　　图 7-59　　　　　　　　　　图 7-60

29 展开【贴图】卷展栏，设置反射强度为 20，添加贴图【光线跟踪】，接受默认设置。

30 选择另一个空白的材质球，命名为"花心"，设置漫反射颜色、高光级别等参数，如图 7-61 所示。

31 选择另一个空白的材质球，命名为"花蕊"，设置漫反射颜色、高光级别等参数，如图 7-62 所示。

32 选择另一个空白的材质球，命名为"花开小球"，设置漫反射颜色、高光级别等参数，如图 7-63 所示。

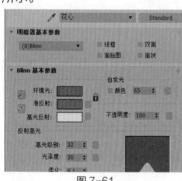
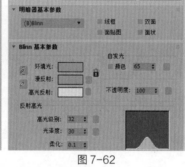
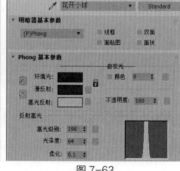

图 7-61　　　　　　　　　　图 7-62　　　　　　　　　　图 7-63

33 展开【贴图】卷展栏，为反射添加贴图【衰减】，单击【衰减】贴图，展开贴图设置面板，设置第 1 个颜色值为 (R:102,G:0,B:0)，第 2 个颜色为黑色，添加【光线跟踪】贴图，如图 7-64 所示。

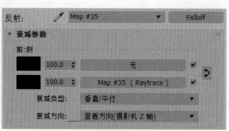

图 7-64

34 将这些材质赋予相应的对象。

[35] 创建一个泛光灯，在场景中调整灯光的位置，如图 7-65 所示。

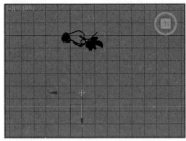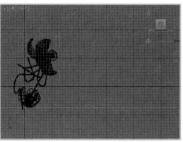

图 7-65

[36] 设置泛光灯的参数，然后创建一个天光并设置参数，如图 7-66 所示。

[37] 激活摄像机视图，单击按钮 渲染场景，查看摄像机视图中的效果，如图 7-67 所示。

图 7-66　　　　　　　　　　　　图 7-67

[38] 创建两个平面，作为反光板，调整它们的位置，如图 7-68 所示。

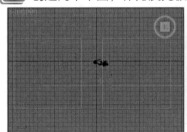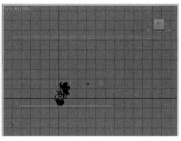

图 7-68

[39] 打开材质编辑器，选择一个空白材质球，命名为"反光板"，调整漫反射颜色、高光级别等参数，如图 7-69 所示。

[40] 展开【贴图】卷展栏，为漫反射添加贴图【平铺】，单击平铺贴图，展开贴图面板，设置参数，如图 7-70 所示。

图 7-69　　　　　　　　　　　　图 7-70

[41] 展开【高级控制】卷展栏，调整颜色等参数，如图 7-71 所示。

42 渲染摄像机视图，查看反射效果，如图 7-72 所示。

图 7-71　　　　　　　　　　　　　　　　　　图 7-72

43 进行渲染设置，输出全部动画序列。

7.2.3　数码粒子汇聚

1 新建一个场景，导入"开花"场景文件中的开花小球和两个反光板，删除小球的位置关键帧。

2 参照 Logo 图样创建立体 Logo，创建一个椭圆，然后添加【编辑样条线】修改器，添加轮廓线，形成一组圆环，如图 7-73 所示。

3 添加【倒角】修改器，设置参数，如图 7-74 所示。

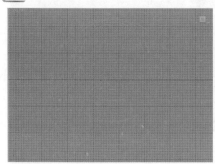

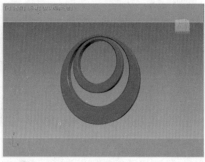

图 7-73　　　　　　　　　　　　　　　　　　图 7-74

4 创建一个小圆球，放置于圆环的中心，构成完整的企业 Logo，如图 7-75 所示。

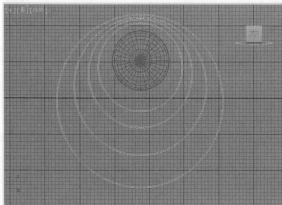

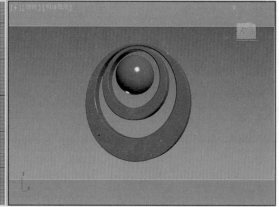

图 7-75

5 为 Logo 赋予花开小球的材质。为了 Logo 的反射高光，添加一个反光板，如图 7-76 所示。

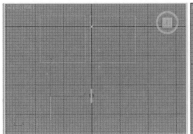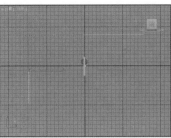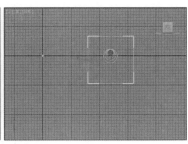

图 7-76

6 创建一个【粒子流源】，在【设置】面板中设置参数，如图 7-77 所示。

7 单击【粒子视图】按钮，打开粒子视图，设置【出生】参数，如图 7-78 所示。

8 用【位置对象】替代【位置图标】，指定小球作为粒子的发射器，如图 7-79 所示。

9 设置【速度】的参数，如图 7-80 所示。

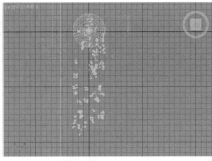

图 7-77　　　　图 7-78　　　　　　　　　图 7-79　　　　　　　　　　图 7-80

10 添加【旋转】属性，选择【方向矩阵】选项为【随机 3D】。

11 单击按钮，展开【空间扭曲】面板，创建一个力场【漩涡】，设置参数，在场景中调整力场图标的位置基本对齐发射器，如图 7-81 所示。

12 在粒子视图中为事件 001 添加【力】，拾取力场 Vortex001，设置参数，如图 7-82 所示。

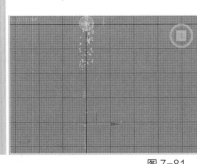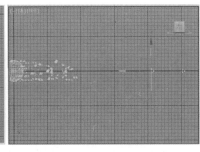

图 7-81　　　　　　　　　　　　　　　　图 7-82

13 设置【形状】参数，指定粒子的形状为立体数字，如图 7-83 所示。

14 调整【显示】的类型为【几何体】，查看透视图中粒子的动画效果，如图 7-84 所示。

15 打开材质编辑器，拖曳材质"花开小球"到一个空白材质球进行复制，重命名为"粒子 1"，调整漫反射颜色等参数，在贴图卷展栏中调整反射的强度为 10，如图 7-85 所示。

16 在粒子视图中添加【材质静态】，指定材质球"粒子 1"，查看透视图中粒子的真实显示效果，如图 7-86 所示。

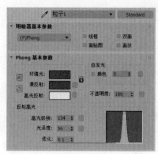

图 7-83　　　　　　　　　　图 7-84　　　　　　　　　　图 7-85

[17] 添加【年龄测试】，设置参数，如图 7-87 所示。

[18] 右击空白处，在弹出的快捷菜单中选择【新建】|【其他事件】|【显示】命令，创建一个新的事件 003，设置【显示】的参数，选择显示类型为几何体。

[19] 将事件 003 与事件 001 的【年龄测试】进行连接，如图 7-88 所示。

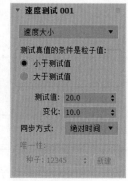
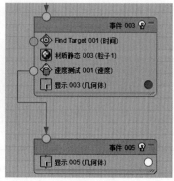

图 7-86　　　　　　　　　　图 7-87　　　　　　　　　　图 7-88

[20] 添加【查找目标】属性，指定查找的目标对象为 Logo，如图 7-89 所示。

[21] 复制事件 001 中的【材质静态】到事件 003 中。

[22] 添加【速度测试】属性，设置参数，如图 7-90 所示。

[23] 右击空白处，在弹出的快捷菜单中选择【新建】|【其他事件】|【显示】命令，创建一个新的事件 005，设置【显示】的参数，选择显示类型为几何体。

[24] 将事件 005 与事件 003 的【速度测试】进行连接，如图 7-91 所示。

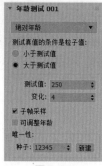

图 7-89　　　　　　　　　　图 7-90　　　　　　　　　　图 7-91

[25] 添加【繁殖】属性，设置参数，如图 7-92 所示。

[26] 添加【形状】属性，设置参数，如图 7-93 所示。

[27] 添加【缩放】属性，设置参数，如图 7-94 所示。

28　复制事件 001 中的【材质静态】到事件 005 中，查看完整的粒子视图中各事件以及属性的分布情况，如图 7-95 所示。

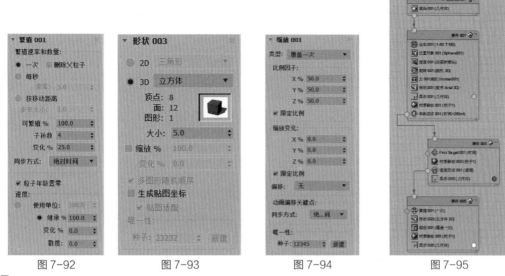

图 7-92　　　　　　　图 7-93　　　　　　　图 7-94　　　　　　　图 7-95

29　在材质编辑器中复制材质"粒子 1"，重命名为"粒子 2"，调整漫反射颜色等参数，在【贴图】卷展栏中调整反射强度为 20，如图 7-96 所示。

30　复制事件 001，重命名为事件 002，并与 PF Source001 的【渲染 001】连接，如图 7-97 所示。

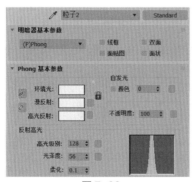

图 7-96　　　　　　　　　　　　　　　图 7-97

31　根据需要调整出生、速度、力场和材质属性的参数，如图 7-98 所示。

图 7-98

32　复制事件 003，重命名为事件 004，连接事件 002 的【年龄测试】，如图 7-99 所示。

33 复制事件 005，重命名为事件 006，连接事件 002 的【速度测试】，如图 7-100 所示。

34 拖曳当前指针，查看数字粒子的动画效果，如图 7-101 所示。

35 创建一个粒子阵列，设置【基本参数】卷展栏中的参数，如图 7-102 所示。

36 展开【粒子类型】卷展栏，设置参数，如图 7-103 所示。

37 展开【粒子生成】卷展栏，设置参数，如图 7-104 所示。

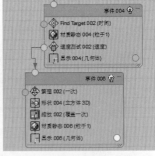

图 7-99   图 7-100

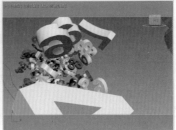

图 7-101

图 7-102   图 7-103   图 7-104

38 创建一个 20mm 的摄像机，调整位置和角度，使发射的粒子冲向镜头，如图 7-105 所示。

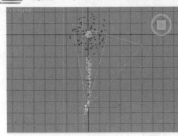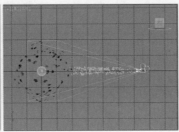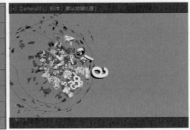

图 7-105

39 选择 Sphere001，打开轨迹视图，设置【可视性】的关键帧。45 帧时数值为 1，50 帧时为 0。

40 在 0 到 150 帧之间拖曳时间线指针，查看粒子的动画效果，如图 7-106 所示。

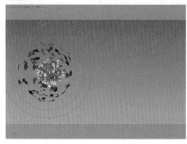

图 7-106

41 再创建一个 20mm 的摄像机，调整位置和角度，如图 7-107 所示。

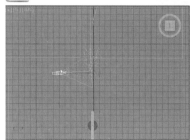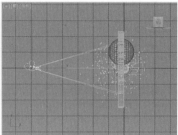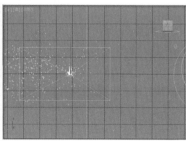

图 7-107

42 在 150 帧到 300 帧之间拖曳时间线指针，查看粒子的动画效果，如图 7-108 所示。

图 7-108

43 再创建一个 20mm 的摄像机，调整位置和角度，如图 7-109 所示。

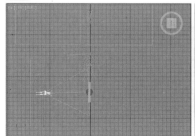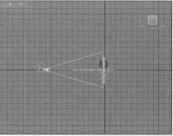

图 7-109

44 隐藏组成 Logo 的椭圆和 Sphere002，在 300 帧到 400 帧之间拖曳时间线指针，查看粒子的动画效果，如图 7-110 所示。

45 选择菜单【渲染】|【视频后期处理】命令，单击按钮 ，添加场景 Camera01、Camera02 和 Camera03，分别指定长度，如图 7-111 所示。

图 7-110

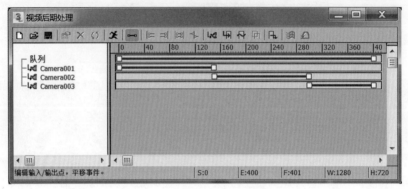

图 7-111

46 单击按钮 ⊞，添加图像输出事件，设置输出文件的格式和存储位置，如图 7-112 所示。

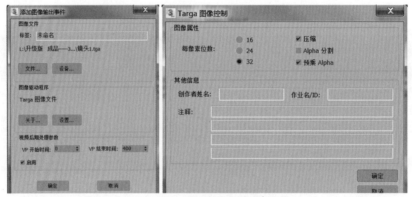

图 7-112

47 这样就可以把三个连续镜头的粒子动画渲染输出为连续的图像序列，如图 7-113 所示。

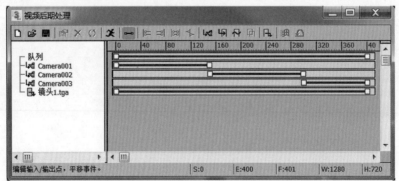

图 7-113

48 单击【执行序列】按钮 ✖，开始渲染输出。

7.3　后期合成

1 打开 After Effects CC 2017 软件，新建一个合成，选择预设"HDV/HDTV 720 25"，设置时间长度为 25 秒。

2 导入前面由 3ds Max 渲染输出的图像序列"镜头 [10000-10155].tga"，在弹出的【解释素材】对话框中选择【忽略】选项，如图 7-114 所示。

3 从项目窗口中拖曳第 1 段图像序列"镜头 [10000-10155].tga"到时间线上，作为时间线上的第 1 段素材，在合成视图中可以看到三维图像的前景和背景都有显示，如图 7-115 所示。

图 7-114　　　　　　　　　　　　　　　　　　图 7-115

4 导入前面由 3ds Max 渲染输出的图像序列"镜头 [0000-0360].tga"，在弹出的【解释素材】对话框中选择【直接 - 无遮罩】选项，如图 7-116 所示。

5 拖曳该素材到时间线上，放置于第 1 段素材的后面。在合成视图中可以看到这一段视频没有背景，如图 7-117 所示。

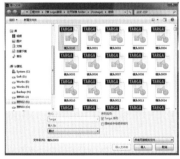

图 7-116　　　　　　　　　　　　　　　　　　图 7-117

6 在时间线上复制图层"镜头 [10000-10155].tga"，选择底层，选择菜单【图层】|【时间】|【启用时间重映射】命令，然后删除第 2 个关键帧，延长该图层的长度到合成的终点，这样该序列的第 1 帧画面就成了整个合成的背景，如图 7-118 所示。

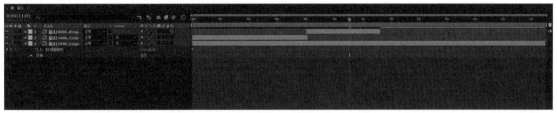

图 7-118

7 拖曳时间线指针到 8 秒 17 帧，选择图层"镜头 [0000-0360].tga"，按 [键，确定该图层在时间线上的入点。

⑧ 选择菜单【图层】|【时间】|【启用时间重映射】命令，自动添加两个关键帧，拖曳第 2 个关键帧到 13 秒 04 帧，并设置该关键帧的数值为 00:05:17，按 Alt+] 键，设置该图层的出点。

⑨ 拖曳时间线指针到 10 秒 13 帧，添加一个关键帧，设置数值为 00:03:01，延长该素材的起点到 8 秒 01 帧，如图 7-119 所示。

图 7-119

⑩ 单击播放按钮 ▶，查看改变了原素材的播放速度后这一段合成的效果，如图 7-120 所示。

图 7-120

⑪ 激活该素材的 3D 属性 ▣，设置【位置】的关键帧。拖曳时间线到 8 秒 17 帧，激活【位置】前的码表 ▣，创建第 1 个关键帧，数值为 (640,360,0)；拖曳时间线到 8 秒 01 帧，调整数值为 (47,360,635)。查看合成视图中图层的运动路径，如图 7-121 所示。

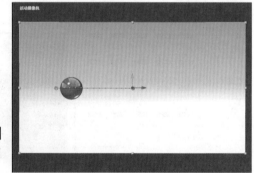

⑫ 在项目窗口中双击图像序列"镜头 [0000-0360].tga"，打开图层视图，设置入点为 00:06:05，然后拖曳到时间线上，作为第 3 段素材。

⑬ 选择菜单【图层】|【时间】|【启用时间重映射】命令，自动添加两个关键帧，拖曳第 1 个关键帧到该图层的起点，并设置该关键帧的数值为 0:00:06:05，拖曳第 2 个关键帧到 17 秒 9 帧位置，并设置该关键帧的数值为 00:10:19，按 Alt+] 键，设置该图层的出点。

图 7-121

⑭ 在项目窗口中双击图像序列"镜头 [0000-0360].tga"，打开图层视图，设置入点为 0:00:12:00，然后拖曳到时间线上，作为第 4 段素材。

⑮ 选择菜单【图层】|【时间】|【启用时间重映射】命令，自动添加两个关键帧，拖曳第 1 个关键帧到该图层的起点，设置该关键帧的数值为 00:12:00，拖曳第 2 个关键帧到 19 秒 13 帧位置，设置该关键帧的数值为 00:13:18，拖曳时间线指针到 20 秒 10 帧，按 Alt+] 键，设置该图层的出点。

⑯ 查看时间线上素材的布局情况，如图 7-122 所示。

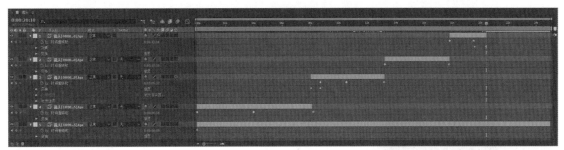

图 7-122

17　选择第 4 段素材，为该图层添加 S-WipeBubble 滤镜，设置参数，如图 7-123 所示。

18　设置 Wipe Percent 参数的关键帧，19 秒 15 帧时数值为 0，20 秒 10 帧时数值为 100%。拖曳时间线指针，查看转场的动画效果，如图 7-124 所示。

19　导入图片"Logo.tga"，在时间线上的入点是 19 秒 15 帧，一直延长到合成的终点。

20　调整 Logo 的位置和大小，复制 S-WipeBubble 滤镜，在时间线上调整关键帧，19 秒 15 帧时数值为 80%，20 秒 10 帧时数值为 20%。拖曳时间线指针，查看转场的动画效果，如图 7-125 所示。

图 7-123

图 7-124

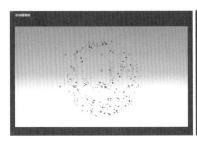

图 7-125

21　选择文本工具 T，输入字符"Hebei Zhengshang Digital Media co., LTD"，设置字体、字号和颜色等参数，如图 7-126 所示。

22　设置图层入点为 20 秒，调整文本在合成视图中的位置，如图 7-127 所示。

23　为文本添加动画预设，选择 Animate In 组中的【下雨字符入】选项，如图 7-128 所示。

24　添加【投影】滤镜，设置参数，如图 7-129 所示。

25　添加【残影】滤镜，设置参数，如图 7-130 所示。

图 7-126 图 7-127

图 7-128

图 7-129

图 7-130

26 复制文本图层,然后修改字符为"河北正尚数字传媒有限公司",设置字体、字号和颜色等参数,如图 7-131 所示。

27 设置图层入点为 22 秒,调整文本在合成视图中的位置,如图 7-132 所示。

28 按 T 键,展开【不透明度】属性,创建淡入效果,设置关键帧,22 秒时【不透明度】的数值为 0,23 时为 100%。

29 导入音乐文件"013.wav"和"017.wav"。首先拖曳"017.wav"到时间线上,设置出点为 8 秒 18 帧;拖曳"013.wav"到时间线上,入点在 8 秒 19 帧,复制该层,设置入点为 17 秒 07 帧。展开音频波形,查看背景音乐的节奏情况,如图 7-133 所示。

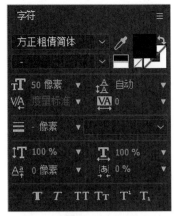

图 7-131

图 7-132

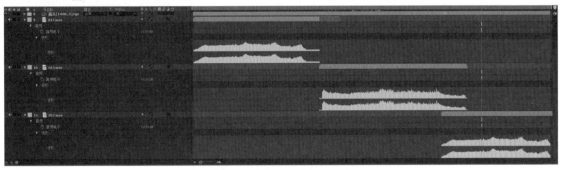

图 7-133

30　至此，整个广告制作完毕。保存工程文件，单击播放按钮 ▶，查看合成预览效果，如图 7-134 所示。

图 7-134

第 8 章

电视栏目推广片

　　电视栏目包装不同于一般的商品广告，也不同于实拍素材组合的宣传片，栏目包装的创作往往着重于寓意，同时又能概括栏目的思想，集中体现栏目的核心内容。本章实例的创作以"成长"为主题，通过 After Effects 中独特的粒子特效营造生长、温馨和生命的意境，配合标题性的文字信息，表明栏目的内容和性质，用温情诉说成长的点滴，感人至深。

8.1 创意与故事板

本片属于栏目包装性质，对于栏目包装广告来说，大家都知道花样繁多的特效、丰富饱满的色彩、变化多端的造型是包装技法的主要特点。并且在技术实现的基础上，还蕴含着一种思想，体现着栏目的特性。

该广告片的故事板如图 8-1 所示。

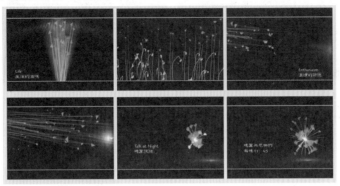

图 8-1

本广告片所展现的栏目名称是《晚星夜话》，广告画面中的元素就得体现这个名称。在字幕方面，本广告又升华了主题。如开始时"生活的滋味"，奠定了全片的味道意蕴，生活有多种滋味，多得就像星星一样，才构成了多彩的人生；其次"成长的故事"伴随着上升的星星形成一种字幕与视觉的互动，道出了成长的真谛；"温情的诉说"配合温柔的阳光表达出情感。整体来看这三段字幕不仅仅是一种情感，也表明了栏目的内容和性质，聊的是生活中的故事和情感，用温情的语言来诉说成长的点滴，感人至深，配以深色的背景和舒缓的音乐，进一步加重了情感基调。

8.2 操作步骤

技术要点

在 After Effects 中应用粒子特技和光斑组合。

8.2.1 粒子与光斑

1　打开 After Effects CC 2017 软件，新建一个合成，命名为"三角形 01"，尺寸为 50×50，时间长度为 3 秒。

2　选择钢笔工具 ，直接在合成视图中绘制一个三角形，如图 8-2 所示。

3　在项目窗口中复制合成"三角形 01"，重命名为"四边形 01"，调整遮罩的形状，如图 8-3 所示。

图 8-2

图 8-3

4　新建一个合成，命名为"镜头 1"，选择预设"PAL D1/DV"，时间长度为 6 秒。从项目窗口中拖曳合成"三角形 01"和"四边形 01"到时间线上，关闭可视性。

5　创建一个 28mm 的摄像机。

6　创建一个聚光灯，命名为 Emitter，分别在前视图和左视图中调整聚光灯的位置和角度，如图 8-4 所示。

7　复制聚光灯，重命名为 Emitter2，调整其位置和角度，如图 8-5 所示。

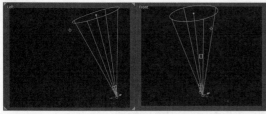

图 8-4　　　　　　　　　　　　　　　　　　　　　　　　图 8-5

8　调整摄像机视图，如图 8-6 所示。

9　新建一个黑色纯色图层，命名为"粒子_1"，添加 Particular 滤镜。展开【发射器】选项组，选择【发射类型】为【灯光(s)】，设置参数，如图 8-7 所示。

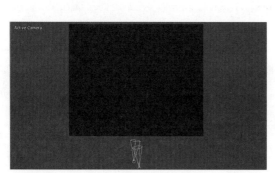

图 8-6　　　　　　　　　　　　　　　　　　　　　图 8-7

10　设置【粒子/秒】的关键帧，0 帧时数值为 30，12 帧时数值为 0。

11　展开【粒子】选项组，设置粒子的生命、尺寸、颜色等参数，如图 8-8 所示。

12　选择【粒子类型】为【子画面填充】，指定纹理图层为"三角形 01"，如图 8-9 所示。

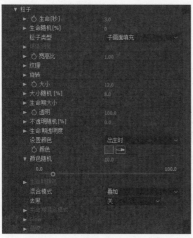

图 8-8　　　　　　　　　　　　　　　　　　　图 8-9

13 拖曳时间线指针，查看粒子的动画效果，如图 8-10 所示。

图 8-10

14 展开【辅助系统】选项组，设置参数，如图 8-11 所示。

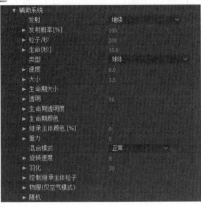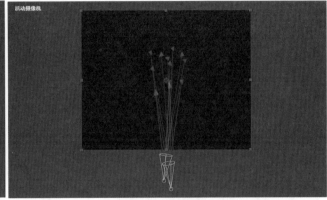

图 8-11

15 展开【物理学】选项组，展开 Air 选项组，设置【风力】等参数，如图 8-12 所示。

16 设置【物理时间因数】的关键帧，10 帧时值为 1，1 秒 5 帧时值为 0.1，拖曳当前指针，查看粒子动画效果，如图 8-13 所示。

17 复制图层"粒子_1"，重命名为"粒子_2"，调整【发射器】组的参数，如图 8-14 所示。

18 展开【粒子】选项组，指定纹理图层为"四边形01"，调整粒子参数，如图 8-15 所示。

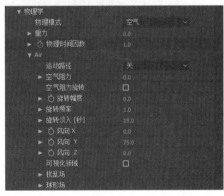

图 8-12

图 8-13

19 展开【辅助系统】选项组，调整参数，如图 8-16 所示。

20 展开【物理学】选项组，调整【风力】等参数，如图 8-17 所示。

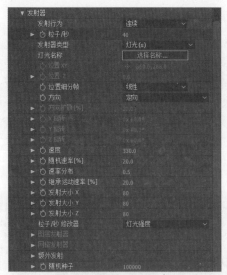

图 8-14

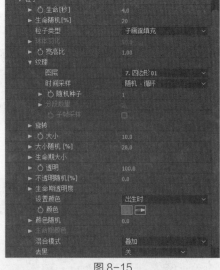

图 8-15

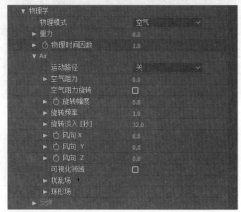

图 8-16 图 8-17

21 在时间线窗口中移动【物理时间因数】在 10 帧的关键帧到 12 帧，拖曳当前指针，查看粒子动画效果，如图 8-18 所示。

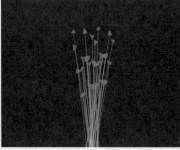

图 8-18

22 调整摄像机的位置，获得比较理想的构图。

23 新建一个黑色纯色图层，命名为"光斑"，添加 Optical Flares 滤镜。单击 Option 按钮，选择光斑预设 Network Presets 组中的 steller_lightburst 选项，在左边的设置面板中隐藏全部的 Glow 元素，如图 8-19 所示。

24 根据需要调整光斑元素的参数。

25 在 Optical Flares 滤镜控制面板中设置光斑的颜色，如图 8-20 所示。

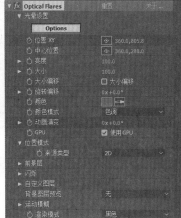

图 8-19　　　　　　　　　　　　　图 8-20

26 设置光斑位置参数【位置 XY】的关键帧，0 秒时数值为（360，805.8），11 帧时为（360，725.1）。拖曳时间线指针，查看光斑的动画效果，如图 8-21 所示。

图 8-21

27 设置【动画演变】的关键帧，合成的起点时数值为 0，终点时为 100。拖曳时间线指针，查看光斑的动画效果，如图 8-22 所示。

图 8-22

28 新建一个黑色纯色图层，绘制椭圆形蒙版，勾选【反转】项，设置【蒙版羽化】的值为250，遮挡光环的下半部分，如图 8-23 所示。

29 单击播放按钮，查看镜头 1 中的粒子动画效果，如图 8-24 所示。

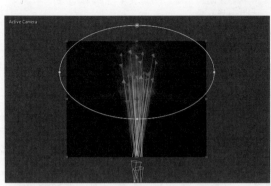

图 8-23

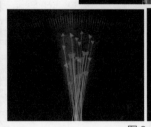

图 8-24

8.2.2 粒子生长特效

1 在项目窗口中复制合成"三角形 01",重命名为"三角形 02",双击打开该合成,调整三角形的形状和填充颜色,如图 8-25 所示。

2 复制合成"四边形 01",重命名为"四边形 02",双击打开该合成,调整四边形的形状和填充颜色,如图 8-26 所示。

3 新建一个合成,命名为"镜头 2",时间长度为 4 秒。

4 拖曳合成"三角形 02"和"四边形 02"到时间线上,并关闭可视性。

5 新建一个黑色纯色图层,命名为"生长",添加 Particular 滤镜。展开【发射器】选项组,设置参数,如图 8-27 所示。

6 展开【粒子】选项组,指定纹理图层为"四边形 02",调整粒子参数,如图 8-28 所示。

图 8-25 图 8-26

图 8-27

图 8-28

7 设置【粒子/秒】的关键帧,0 秒时数值为 0,10 帧时为 200,20 帧时为 20。

8 设置【速度】的关键帧,0 秒时数值为 30,20 帧时为 150,2 秒 24 帧时为 240。

9 创建一个 50mm 摄像机,调整位置和角度,拖曳时间线指针查看粒子效果,如图 8-29 所示。

10 展开【生命期大小】选项组,绘制贴图,如图 8-30 所示。

11 展开【生命期透明度】选项组,绘制不透明度贴图,如图 8-31 所示。

12 展开【物理学】选项组,调整【风力】等参数,如图 8-32 所示。

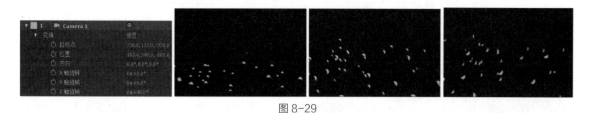

图 8-29

图 8-30

图 8-31　　　　　　　　　　　　图 8-32

13　设置【风向 X】的关键帧，在 0 秒到 3 秒之间添加 7 个关键帧，数值在 6 到 –6 之间。

14　拖曳当前指针，查看粒子动画效果，如图 8-33 所示。

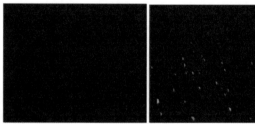

图 8-33

15　展开【辅助系统】选项组，调整参数，如图 8-34 所示。

16　展开【生命期透明度】选项组，绘制贴图，如图 8-35 所示。

17　展开【生命期颜色】选项组，设置颜色贴图，如图 8-36 所示。

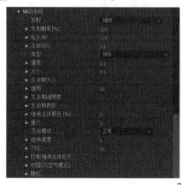

图 8-35

图 8-34　　　　　　　　　　　　图 8-36

18　新建一个黑色纯色图层，命名为"高 – 头部"，添加 Particular 滤镜。激活该图层的【独奏】属性，展开【发射器】选项组，设置参数，如图 8-37 所示。

19　设置【粒子 / 秒】的关键帧，0 帧时数值为 100，2 帧时数值为 0。

20　展开【粒子】选项组，指定纹理图层为"三角形 02"，调整粒子参数，如图 8-38 所示。

21 展开【生命期大小】选项组，绘制贴图，如图 8-39 所示。

 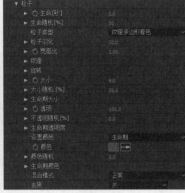 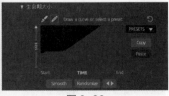

图 8-37　　　　　　　　图 8-38　　　　　　　　图 8-39

22 展开【物理学】选项组，调整【风力】等参数，如图 8-40 所示。

23 展开【辅助系统】选项组，调整参数，如图 8-41 所示。

24 展开【生命期颜色】选项组，设置颜色，如图 8-42 所示。

图 8-40　　　　　　　　　　　图 8-41　　　　　　　图 8-42

25 拖曳当前指针，查看粒子的动画效果，如图 8-43 所示。

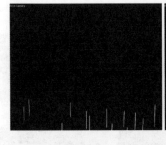  

图 8-43

26 在【辅助系统】选项组中设置【不透明度】的数值为 0。

27 复制图层"高－头部"，重命名为"高－茎"，在【粒子】选项组中设置【不透明度】的数值为 0，在【物理学】选项组中展开 Air 组中的【扰乱场】选项组，设置【影像位置】数值为 6，如图 8-44 所示。

28 在【辅助系统】选项组中设置【不透明度】的数值为 50，展开【生命期颜色】选项组，设置颜色，如图 8-45 所示。

29 拖曳时间线指针，查看这两个粒子的动画效果，如图 8-46 所示。

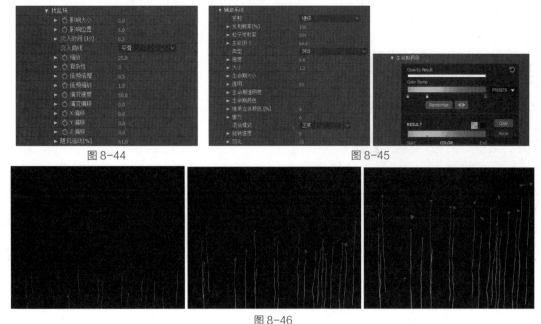

图 8-44　　　　　　　图 8-45

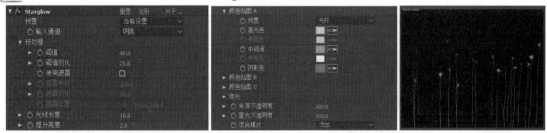

图 8-46

30　选择图层"高－头部",添加 Starglow 滤镜,设置参数,如图 8-47 所示。

图 8-47

31　调整摄像机的位置和角度,获得理想的构图,如图 8-48 所示。

32　新建一个黑色纯色图层,命名为"小亮点",添加 Particular 滤镜。展开【发射器】选项组,调整参数,如图 8-49 所示。

图 8-48

图 8-49

33　设置【粒子/秒】的关键帧,0 帧时数值为 25,10 帧时为 60,25 帧时为 0。

34　展开【额外发射】选项组,设置【预运行】数值为 25,使粒子提前 25 帧发射。

35　展开【粒子】选项组,调整粒子参数,如图 8-50 所示。

36 展开【生命期大小】选项组，绘制贴图，如图8-51所示。

37 展开【生命期颜色】选项组，设置颜色，如图8-52所示。

图 8-50

图 8-51

图 8-52

38 展开【物理学】选项组，调整【风力】等参数，如图8-53所示。

39 新建一个黑色图层，命名为"背景"，放置于底层。添加Optical Flares滤镜，在滤镜面板中单击Options按钮，打开光斑选项面板，选择光斑预设Motion Graphics组中的50mm Prime项，如图8-54所示。

图 8-53

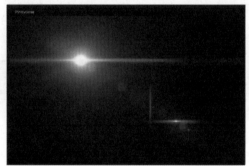
图 8-54

40 在滤镜控制面板中设置参数，如图8-55所示。

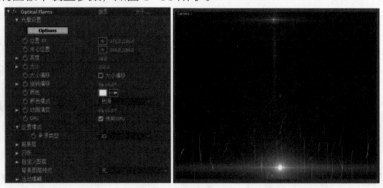
图 8-55

41 添加【快速模糊】滤镜，设置【模糊度】的数值为219。查看合成预览效果，如图8-56所示。

42 新建一个调整图层，添加【曲线】滤镜，调整曲线形状，提高对比度，如图8-57所示。

43 单击播放按钮▶，查看粒子生长的预览效果，如图8-58所示。

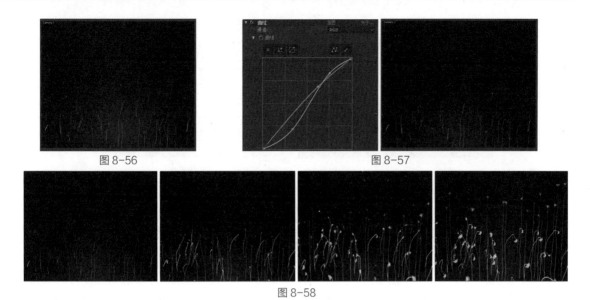

图 8-56　　　　　　　　　　　图 8-57

图 8-58

8.2.3　粒子星光

1 在项目窗口中复制合成"三角形 01"，重命名为"三角形 03"，双击打开该合成，调整三角形的形状和填充颜色，如图 8-59 所示。

2 复制合成"四边形 01"，重命名为"四边形 03"，双击打开该合成，调整四边形的形状和填充颜色，如图 8-60 所示。

3 新建一个合成，命名为"镜头 3"，时间长度为 6 秒。拖曳合成"三角形 03"和"四边形 03"到时间线上，并关闭可视性。

4 新建一个黑色图层，命名为"粒子 - 蓝"，添加 Particular 滤镜。展开【发射器】选项组，设置参数，如图 8-61 所示。

5 展开【粒子】选项组，指定纹理图层为"三角形 03"，调整粒子参数，如图 8-62 所示。

图 8-59　　　　图 8-60　　　　　　　图 8-61　　　　　　　　图 8-62

6 设置【粒子 / 秒】的关键帧，0 帧时数值为 40，12 帧时为 0。

7 设置【速度】的关键帧，0 帧时数值为 200，50 帧时为 100。

8 展开【物理学】选项组，调整【风力】等参数，如图 8-63 所示。

9 展开【辅助系统】选项组，调整参数，如图 8-64 所示。

10 展开【生命期透明度】选项组，绘制贴图，如图 8-65 所示。

11 展开【生命期颜色】选项组，设置颜色，如图 8-66 所示。

图 8-63

图 8-64

图 8-65

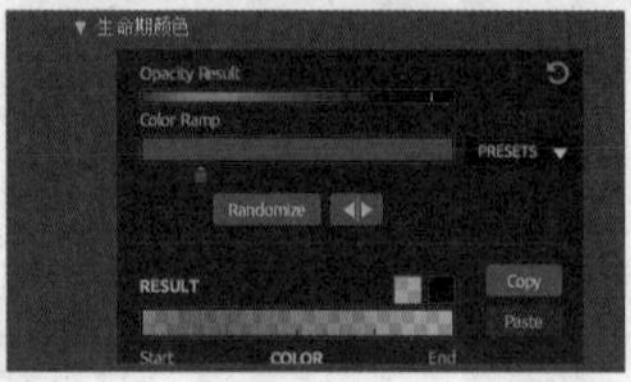

图 8-66

12 在【物理学】选项组中设置【无力时间因数】的关键帧，3 秒时数值为 1，6 秒时数值为 0.1。

13 拖曳当前指针，查看粒子动画效果，如图 8-67 所示。

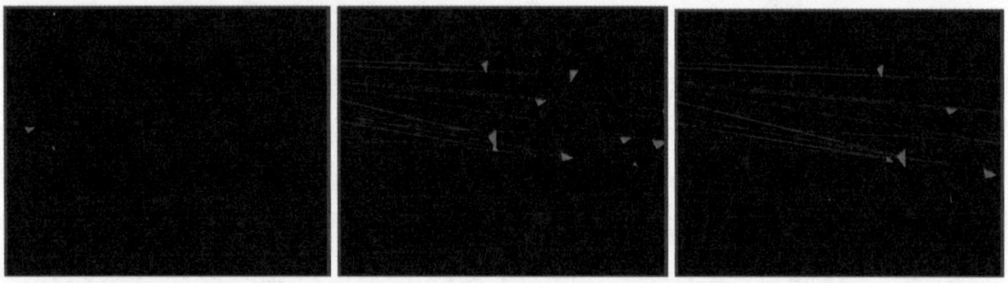

图 8-67

14 复制图层"粒子－蓝"，重命名为"粒子－青"，展开【发射器】选项组，调整参数，如图 8-68 所示。

15 展开【粒子】选项组，指定纹理图层为"四边形 03"，调整粒子参数，如图 8-69 所示。

图 8-68

图 8-69

16 设置【粒子/秒】的关键帧，0 帧时数值为 45，12 帧时为 0。

17 取消【速度】的关键帧，设置数值为 200。

18 展开【物理学】选项组，调整【风力】等参数，如图 8-70 所示。

19 展开【辅助系统】选项组，调整参数，如图 8-71 所示。

20 展开【生命期颜色】选项组，设置颜色，如图 8-72 所示。

图 8-70

图 8-71

图 8-72

21　拖曳当前指针，查看粒子动画效果，如图 8-73 所示。

22　复制图层"粒子 – 青"，重命名为"粒子 – 红"，展开【发射器】选项组，调整参数，如图 8-74 所示。

图 8-73

23　展开【粒子】选项组，调整粒子参数，如图 8-75 所示。

图 8-74

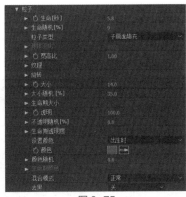
图 8-75

24　展开【生命期大小】选项组，单击第 2 个贴图，再单击 Flip 按钮，如图 8-76 所示。

25　设置【粒子 / 秒】的关键帧，1 帧时数值为 0，11 帧时为 35，21 帧时为 0。

26　设置【速度】的关键帧，0 帧时数值为 200，12 帧时为 100。

27　展开【物理学】选项组，调整【风力】以及【球力场】等参数，如图 8-77 所示。

图 8-76

图 8-77

28　展开【辅助系统】选项组，调整参数，如图 8-78 所示。

29　展开【生命期大小】选项组，单击第 2 个贴图，如图 8-79 所示。

30　展开【生命期颜色】选项组，设置颜色，如图 8-80 所示。

图 8-78

图 8-79

图 8-80

31　拖曳当前指针，查看粒子动画效果，如图 8-81 所示。

图 8-81

32　取消图层的【独奏】，在合成视图中显示三个粒子图层。选择图层"粒子 – 青"，添加【高斯模糊】滤镜，设置【模糊度】数值为 5.2。单击播放按钮 ▶，查看粒子的动画效果，如图 8-82 所示。

图 8-82

33　新建一个 35mm 的摄像机，调整摄像机的位置和角度，并在合成的起点和 4 秒时设置关键帧，如图 8-83 所示。

图 8-83

34　新建一个黑色图层，命名为"光斑"，添加 Optical Flares 滤镜，选择 Nature Flares 组中的 Concert Gold 选项，在左侧的孔面板中关闭第 2 ~ 5 个 Streak 元素，调整光斑参数，如图 8-84 所示。

35　设置光斑图层混合模式为【相加】，在效果控件面板中设置光斑的参数，如图 8-85 所示。

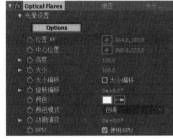

图 8-84　　　　　　　　　　　　　　　　　　　图 8-85

36　设置【位置 XY】的关键帧，在合成的起点时数值为（864，302），合成的终点时数值为（625，278）。拖曳时间线指针，查看合成预览效果，如图 8-86 所示。

图 8-86

37　添加【快速模糊】滤镜，设置【模糊度】为 20。

38　从合成"镜头 2"中复制图层"小亮点"，放置于底层，调整粒子参数，如图 8-87 所示。

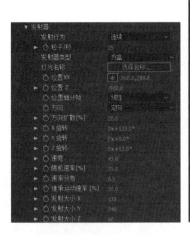

图 8-87

39　单击播放按钮，查看粒子动画效果，如图 8-88 所示。

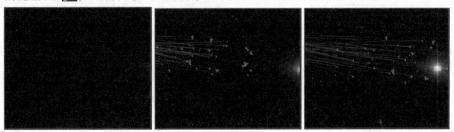

图 8-88

8.2.4 粒子开放特效

1 在项目窗口中复制合成"三角形01",重命名为"三角形04",双击打开该合成,调整三角形的形状和填充颜色,如图8-89所示。

2 复制合成"四边形01",重命名为"四边形04",双击打开该合成,调整四边形的形状和填充颜色,如图8-90所示。

图8-89　　图8-90

3 新建一个合成,命名为"镜头4",时间长度为6秒。

4 拖曳合成"三角形03"和"四边形03"到时间线上,并关闭可视性。

5 新建一个黑色图层,命名为"粒子开放01",添加Particular滤镜,展开【发射器】选项组,设置参数,如图8-91所示。

6 展开【粒子】选项组,指定纹理图层为"三角形04",调整粒子参数,如图8-92所示。

7 展开【生命期大小】选项组,单击第2个贴图,如图8-93所示。

图8-91　　　　　　图8-92　　　　　　图8-93

8 展开【生命期颜色】选项组,设置颜色,如图8-94所示。

9 设置【粒子/秒】的关键帧,0帧时数值为20,25帧时为0。

10 展开【物理学】选项组,调整【风力】等参数,如图8-95所示。

11 展开【辅助系统】选项组,调整参数,如图8-96所示。

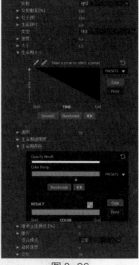

图8-94　　　　　　图8-95　　　　　　图8-96

12 在【物理学】选项组中设置【物理时间因数】的关键帧,1秒时数值为1,2秒时为0。

13 拖曳当前指针，查看粒子动画效果，如图 8-97 所示。

图 8-97

14 复制图层"粒子开放 01"，重命名为"粒子开放 02"，展开【发射器】选项组，调整参数，如图 8-98 所示。

15 展开【粒子】选项组，指定纹理图层为"四边形 04"，调整粒子参数，如图 8-99 所示。

16 展开【生命期大小】选项组，单击第 2 个贴图，展开【生命期颜色】选项组，设置颜色，如图 8-100 所示。

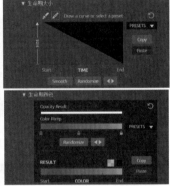

图 8-98　　　　　　　　　图 8-99　　　　　　　　　图 8-100

17 调整【粒子／秒】在 0 帧时的关键帧数值为 35。

18 展开【物理学】选项组，调整风力等参数，如图 8-101 所示。

19 展开【辅助系统】选项组，调整参数，如图 8-102 所示。

图 8-101　　　　　　　　　图 8-102

20 拖曳当前指针，查看粒子动画效果，如图 8-103 所示。

21 复制图层"粒子开放 02"，重命名为"粒子开放 03"，展开【发射器】选项组，调整参数，如图 8-104 所示。

22 展开【粒子】选项组，调整粒子的不透明度为 0。

23 展开【辅助系统】选项组，展开【生命期透明度】选项组，单击右侧的第 4 种贴图，展开【生命期颜色】选项组，调整颜色，如图 8-105 所示。

图 8-103

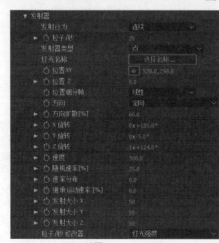

图 8-104　　　　　　　　　　　　　　图 8-105

24　拖曳当前指针，查看粒子动画效果，如图 8-106 所示。

图 8-106

25　新建一个 35mm 的摄像机，调整摄像机的位置，如图 8-107 所示。

图 8-107

26　新建一个黑色图层，命名为"光斑"，放置于底层。添加 Optical Flares 滤镜，选择 Pro Presets（50）组中的 Winter Aurora 选项，如图 8-108 所示。

27　在滤镜控制面板中设置光斑的参数，如图 8-109 所示。

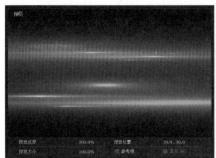

图 8-108　　　　　　　　　　　　　图 8-109

28 设置【中心位置】的关键帧，0 帧时数值为（972,358），
1 秒 04 帧时数值为（601,358）。

29 分别在图层"粒子开放 01""粒子开放 02"和"粒
子开放 03"的 Particular 滤镜面板中设置【阴影】选项
组的参数，如图 8-110 所示。

30 创建一个聚光灯，在顶视图和左视图中调整位置和角
度，如图 8-111 所示。

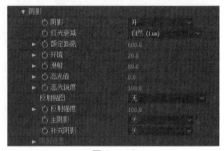

图 8-110

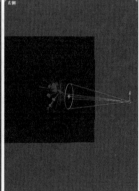

图 8-111

31 再创建一个聚光灯，在顶视图和左视图中调整位置和角度，如图 8-112 所示。

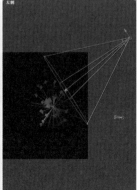

图 8-112

32 新建一个调整图层，放置于顶层，添加【发光】滤镜，设置参数，如图 8-113 所示。

33 新建一个黑色图层，命名为"亮斑"，放置于顶层，添加 Optical Flares 滤镜，选择 Light（20）组中的 Search Light 选项，在左侧的堆栈面板中激活 Glow 项的【独奏】，如图 8-114 所示。

34 在滤镜控制面板中设置光斑的参数，如图 8-115 所示。

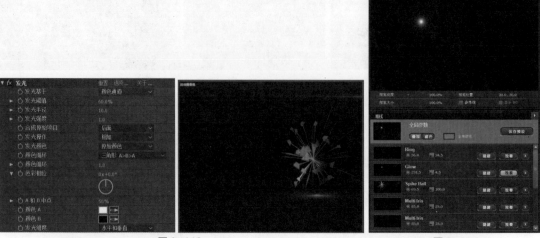

图 8-113   图 8-114

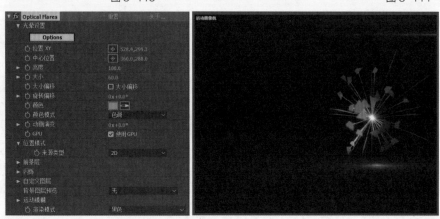

图 8-115

35 单击播放按钮 ▶，查看粒子动画效果，如图 8-116 所示。

图 8-116

8.2.5 影片完成

1 创建一个新的合成，命名为"完成"，从项目窗口中拖曳合成"镜头 1""镜头 2""镜头 3"和"镜头 4"到时间线上，设置图层"镜头 3"的起点为 23 帧，在时间线上的起点为 6 秒 15 帧，如图 8-117 所示。

2　设置图层"镜头 3"的【不透明度】关键帧，6 秒 15 帧时数值为 0，7 秒时数值为 100%。

图 8-117

3　导入音频文件"009.wav"，设置入点为 3 分 7 秒 5 帧，拖曳到时间线上，展开音频波形，查看时间线面板，如图 8-118 所示。

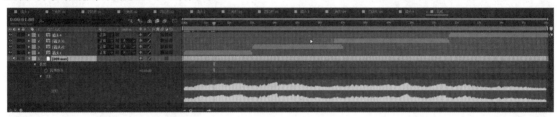

图 8-118

4　新建一个调整层，放置于顶层，添加【曲线】滤镜，调高亮度，如图 8-119 所示。

5　新建一个黑色图层，命名为"遮幅"，绘制一个矩形蒙版，如图 8-120 所示。

6　添加【描边】滤镜，设置参数，如图 8-121 所示。

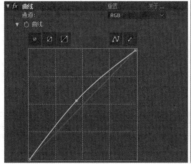

图 8-119

图 8-120　　　　　　　　　　　　　　　图 8-121

7　选择文本工具 T，输入文字"Life 生活的滋味"，设置字体、颜色、字号等属性，并调整文本在视图中的位置，如图 8-122 所示。

8　设置该文本图层在时间线上的入点为 6 帧，出点为 2 秒 17 帧。

9　创建文本由模糊淡入的动画效果，添加【高斯模糊】滤镜，设置【模糊度】

图 8-122

的关键帧，6 帧时数值为 80，21 帧时数值为 0，2 秒 6 帧时数值为 0，2 秒 17 帧时数值为 80。

10 设置【不透明度】的关键帧，2 秒 6 帧时数值为 100%，2 秒 17 帧时数值为 0。拖曳时间线指针，查看文本的动画效果，如图 8-123 所示。

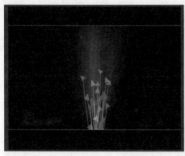  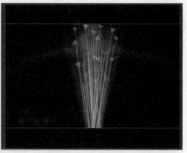

图 8-123

11 复制文本图层，修改字符为"Growth 成长的故事"，调整位置，如图 8-124 所示。

12 采用相同的方法创建其他的文本，调整位置，如图 8-125 所示。

13 创建新的文本层，输入字符"□□□□□"，创建小方框淡入淡出的动画，调整【位置】参数和设置【不透明度】的关键帧，6 帧时【不透明度】数值为 0，1 秒时数值为 25%，2 秒 4 帧时数值为 25%，2 秒 17 帧时数值为 0，如图 8-126 所示。

图 8-124

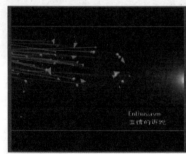  

图 8-125

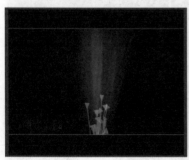 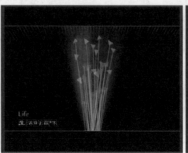 

图 8-126

14 采用相同的方法创建与其他文本对应的小方框，如图 8-127 所示。

 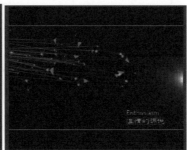 

图 8-127

15 单击播放按钮 ▶，查看最终的影片效果，如图 8-128 所示。

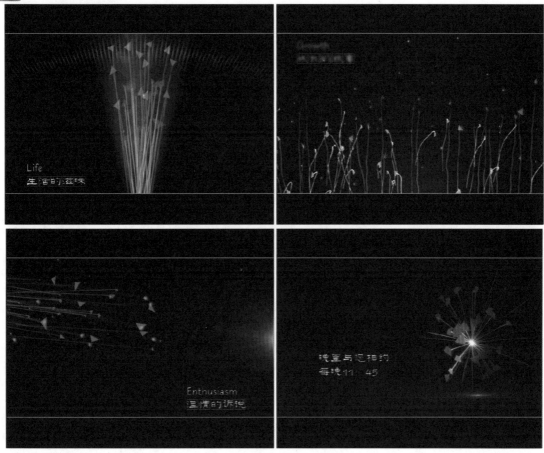

图 8-128

第 9 章

乐泰卫浴产品广告

　　随着人们生活品质的不断提升，对卫浴产品的要求不再局限于实用性，而是越来越要求具有艺术感和个性，这就对这类产品的电视广告期望越来越高了。卫浴产品在广告中不太容易展示其功能和使用方法，大多数广告的重点集中于环境的优雅、产品本身的质感，比如瓷器的光亮和装饰，金属部件的光滑和洁净。在三维软件中要获得这样的效果，其实是有一定难度的，尤其是本实例中的动态生长花纹也是广告片的一个亮点，起到吸引观众眼球的作用，也会唤起白色卫浴产品上花纹设计的意念。

9.1　创意与故事板

　　卫浴产品首先给人一种洁净、清新的感觉，而且大多使用白色的瓷材质。乐泰产品也不例外，大量的白色也为我们设计广告带来了难度，除了要展现卫浴产品的洁净之外，还需要设计灯光和材质，为了强调白色，使用蓝色的生长花纹作为装饰元素，起到了吸引观众眼球的作用，或者唤起白色卫浴产品上花纹设计的意念。

　　本广告片的故事板如图 9-1 所示。

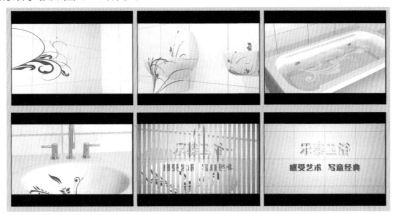

图 9-1

　　在本片中高调的背景、洁白的卫浴产品被蓝色的花饰突显得更加纯粹，高亮的不锈钢金属器件反射了卫生间的洁净。

9.2　三维特效制作

技术要点

　　在 3ds Max 中应用混合贴图和动态纹理制作洁具表面动态的生长效果，以及使用 NVIDIA mental ray 渲染器进行不锈钢和白瓷等光滑表面的超真实渲染。

9.2.1　动态花纹高级材质

1　打开 3ds Max 2017 软件，打开场景"卫生间"，包括四面墙壁、马桶、浴盆、洗手池和水龙头等，如图 9-2 所示。

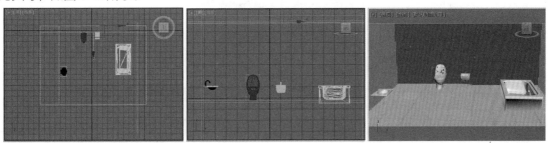

图 9-2

2　单击按钮，打开材质编辑器，选择第 1 个空白材质球，命名为"地面"，设置漫反射颜色、高光等参数，如图 9-3 所示。

3 为漫反射添加【平铺】贴图，如图 9-4 所示。

4 展开【高级控制】卷展栏，设置平铺纹理和砖缝的颜色等参数，如图 9-5 所示。

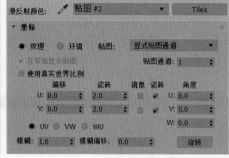

图 9-3　　　　　　　　图 9-4　　　　　　　　图 9-5

5 在【贴图】卷展栏中拖曳漫反射的【平铺】贴图到凹凸贴图上，在弹出的对话框中选择【实例】项，应用关联的平铺贴图，如图 9-6 所示。

6 设置反射强度为 10，添加【光线跟踪】贴图，接受默认参数即可，如图 9-7 所示。

7 将材质"地面"赋予场景中的"地面"、左侧的"墙 03"和"顶 01"。

图 9-6

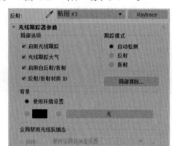

图 9-7

8 选择菜单【渲染】|【渲染设置】命令，首先选择输出尺寸的预设，如图 9-8 所示。

9 指定渲染器为 NVIDIA mental ray，如图 9-9 所示。

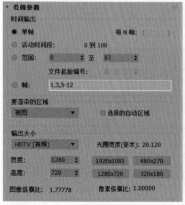

图 9-8　　　　　　　　　　　　　　图 9-9

10 创建一个 24mm 的摄像机，调整位置和角度，如图 9-10 所示。

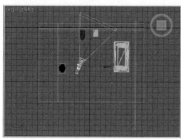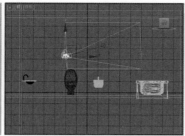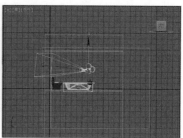

图 9-10

11　创建一个泛光灯，在顶视图、前视图和左视图中调整灯光的位置，如图 9-11 所示。

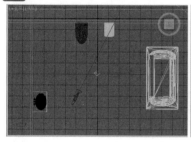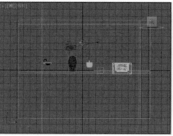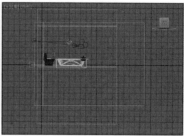

图 9-11

12　设置灯光的常规参数，灯光【颜色】值为 (R:201,G:205,B:213) 以及阴影【密度】为 0.2，如图 9-12 所示。

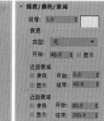

图 9-12

13　在材质编辑器中复制材质球"地面"，重命名为"墙 01"，调整材质类型为【混合】，在弹出的【替换材质】对话框中选择第二项，如图 9-13 所示。

图 9-13

14　单击【材质 2】对应的材质选项，打开该材质球，设置漫发射颜色等参数，如图 9-14 所示。

15　复制材质球"地面"中的漫反射平铺贴图，粘贴到【材质 2】的不透明贴图上，如图 9-15 所示。

[16] 指定混合材质的遮罩贴图，选择位图为一个动态图像序列"Extension_19_####"，设置开始帧为60，如图 9-16 所示。

[17] 展开贴图选项，在"时间"卷展栏中设置动态素材的播放速度为2倍，如图9-17所示。

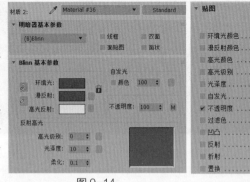

图 9-14   图 9-15

[18] 在【坐标】卷展栏中，设置【贴图通道】为 2，为后面指定贴图坐标做准备，如图 9-18 所示。

图 9-16   图 9-17   图 9-18

[19] 单击【视图中显示明暗处理材质】按钮，单击【转到父对象】按钮，回退到材质顶级，激活遮罩贴图的交互式，拖曳该材质球到"墙 01"以指定材质，这样就可以在视图中明暗模式下查看赋予对象的纹理了，如图 9-19 所示。

图 9-19

[20] 拖曳当前时间指针，在透视图中可以查看动态贴图的动画效果，如图 9-20 所示。

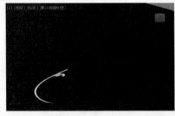

图 9-20

[21] 在材质编辑器中复制材质球"墙 01"，重命名为"墙 02"，指定混合材质的遮罩贴图，选择位图为一个动态图像序列"Flourish_29_####"。

[22] 展开贴图选项，在【时间】卷展栏中设置动态素材的播放速度为 1.25 倍，如图 9-21 所示。

[23] 拖曳该材质球到"墙 02"以指定材质，这样就可以在视图中明暗模式下查看赋予对象的动态纹理了，如图 9-22 所示。

[24] 为了确定动态纹理在对象上的分布并获得比较理想的构图，我们需要指定对象的贴图坐标。在场景中选择"墙

图 9-21

01", 添加【UVW 贴图】修改器, 选择对齐模式, 如图 9-23 所示。

图 9-22

25 调整修改器 Gizmo 的大小和角度, 如图 9-24 所示。

图 9-23

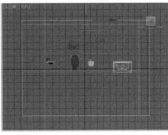

图 9-24

26 设置【贴图通道】为 2, 这样就只对前面指定【贴图通道】为 2 的动态纹理有作用, 而不会改变已经设置好的平铺贴图, 如图 9-25 所示。

27 在场景中选择"墙 02", 添加【UVW 贴图】修改器, 选择对齐模式, 如图 9-26 所示。

28 调整修改器 Gizmo 的大小和角度, 如图 9-27 所示。

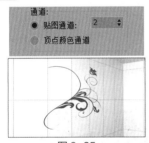

图 9-25

图 9-26

图 9-27

29 设置【贴图通道】为 2, 这样就只对前面指定【贴图通道】为 2 的动态纹理有作用, 而不会改变已经设置好的平铺贴图, 如图 9-28 所示。

30 单击右下角【时间配置】按钮, 在【时间配置】对话框中设置制式和时间长度, 如图 9-29 所示。

图 9-28

图 9-29

31 创建摄像机的摇镜头的动画。首先创建一条曲线，准备作为摄像机目标点的运动路径，如图 9-30 所示。

32 创建一个虚拟对象，单击按钮 ⊙ 展开【运动】选项卡，选择位置属性，单击【指定控制器】按钮 ✓，选择【路径约束】，在【路径参数】卷展栏中指定路径，设置参数，如图 9-31 所示。

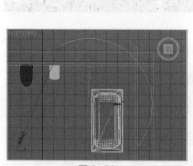

图 9-30 　　　　　　　　　　　　　　　　　　　图 9-31

33 在顶视图中单击链接工具 🔗，将摄像机目标点链接为虚拟对象的子对象，拖曳当前时间指针，查看顶视图中摄像机的运动效果，如图 9-32 所示。

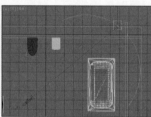
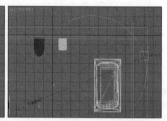

图 9-32

34 拖曳当前时间指针，查看摄像机视图中动态花纹生长与摇镜头的效果，如图 9-33 所示。

图 9-33

35 单击按钮 📊，打开轨迹视图，选择虚拟对象 Dummy01 的【百分比】属性，单击鼠标右键，从弹出的快捷菜单中选择【指定控制器】命令，添加【Bezier 浮点】控制器，如图 9-34 所示。

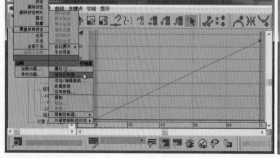

图 9-34

36 这样运动曲线就变成了 Bezier 曲线，调整 100 帧处的关键帧数值为 65，如图 9-35 所示。

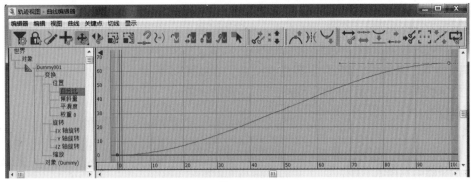

图 9-35

37 选择菜单【渲染】|【渲染设置】命令，设置渲染的长度、尺寸以及文件存储的位置，如图 9-36 所示。

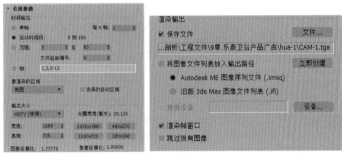

图 9-36

38 确定要渲染的视图为摄像机视图 Camera001，单击右上角的渲染按钮，开始渲染。

39 选择菜单【渲染】|【比较 RAM 播放器中的媒体】命令，弹出 RAM 播放器，单击【打开通道 A】按钮，选择刚刚渲染输出的图像序列，接受默认的播放配置，如图 9-37 所示。

图 9-37

40 单击播放按钮，查看渲染输出的动画效果，如图 9-38 所示。

图 9-38

9.2.2 花纹瓷与不锈钢材质

1 在材质编辑器中选择一个空白材质球，命名为"瓷"，选择明暗器类型，设置漫反射颜色值为 (R:220，G:220，B:220)，调整高光等参数，如图 9-39 所示。

2 打开【贴图】卷展栏，在反射贴图栏中添加【光线跟踪】贴图，设置反射强度的数值为 25。

3 拖曳该材质球到场景中的对象"瓷板"，应用该材质。

4 拖曳材质球"瓷"到下一个空白材质球，重命名为"瓷盆"，调整材质类型为【混合】，在弹出的【替换材质】对话框中选择第二项。

5 单击【材质 2】对应的材质选项，打开该材质球，设置漫发射颜色等参数，如图 9-40 所示。

6 激活遮罩贴图的【交互式】，然后指定混合材质的遮罩贴图，选择位图为一个动态图像序列"Flourish_03_####"，设置开始帧为 −80，结束条件设定为【保持】，如图 9-41 所示。

7 调整材质类型为【多维 / 子对象】，在弹出的【替换材质】对话框中选择第二项，如图 9-42 所示。

8 单击【设置数量】按钮，设置多维材质的数量为 2，如图 9-43 所示。

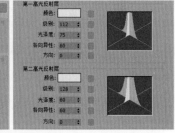

图 9-39

图 9-40

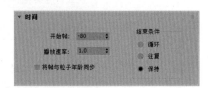

图 9-41

图 9-42

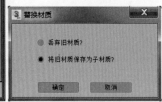

图 9-43

9 重命名为"洗手瓷"，拖曳材质球"瓷"到 2 号材质空格上，选择实例复制，如图 9-44 所示。

10 在透视图中选择"洗手盆"，选择【多边形】模式，选择盆的内面，如图 9-45 所示。

11 在【多边形：材质 ID】卷展栏中设置 ID 值为 1，如图 9-46 所示。

12 选择菜单【编辑】|【反选】命令，设置 ID 为 2，如图 9-47 所示。

图 9-44 图 9-45 图 9-46 图 9-47

13 在【设置 ID】文本框中输入 1，单击【选择 ID】按钮，选择盆的内面，也就是 ID 为 1 的面，添加【UVW 贴图】修改器，如图 9-48 所示。

14 添加【涡轮平滑】修改器，接受默认值即可，增加模型的细节，使其光滑。

15 将材质球"洗手瓷"应用到对象"洗手盆"，系统根据 ID 编号自动分配对应的材质和贴图，如图 9-49 所示。

16 选择空白材质球，命名为"不锈钢"，选择明暗器类型为【金属】，设置漫反射颜色值为 (R:92，G:92，B:92)，调整高光级别和光泽度，如图 9-50 所示。

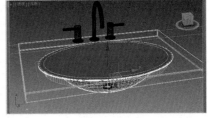

图 9-48

图 9-49 图 9-50

17 展开【贴图】卷展栏，为反射添加【光线跟踪】贴图，为背景添加一个渐变贴图，单击渐变贴图，设置渐变贴图的颜色，如图 9-51 所示。

  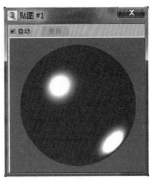

图 9-51

18 将"不锈钢"材质应用到场景中的"水龙头"等金属构件，渲染透视图，查看不锈钢龙头的效果，如图 9-52 所示。

19 创建一个 35mm 的摄像机，调整摄像机的位置和角度选项，如图 9-53 所示。

20 设置摄像机的位置关键帧，创建摇镜头的动画，如图 9-54 所示。

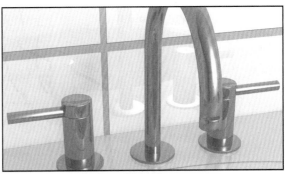

图 9-52

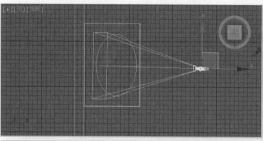 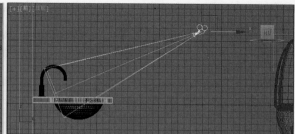

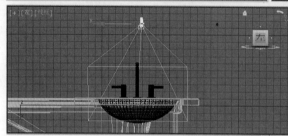 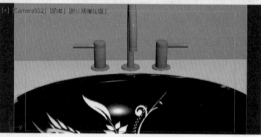

图 9-53

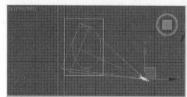 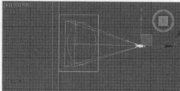 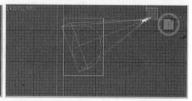

图 9-54

21 拖曳当前时间指针，查看摄像机视图中动态花纹与摇镜头的效果，如图 9-55 所示。

图 9-55

22 选择菜单【渲染】|【渲染设置】命令，设置渲染的长度、尺寸以及文件存储的位置，如图 9-56 所示。

23 确定要渲染的视图为摄像机视图 Camera002，单击右下角的【渲染】按钮 ，开始渲染。

24 选择菜单【渲染】|【比较 RAM 播放器中的媒体】命令，弹出 RAM 播放器，单击【打开通道 A】按钮 ，选择刚刚渲染输出的图像序列，接受默认的播放配置。单击播放按钮 ，查看渲染输出的动画效果，如图 9-57 所示。

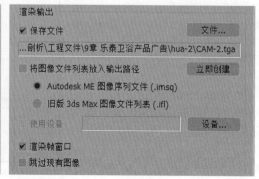

图 9-56

图 9-57

9.2.3　模拟水材质

1 创建一个 35mm 的摄像机，调整摄像机的位置和角度选项，如图 9-58 所示。

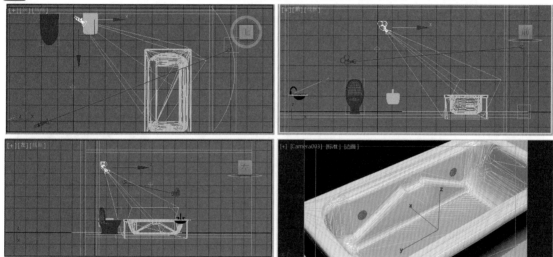

图 9-58

2 参照浴缸的大小和位置，创建一个长方体，命名为"水"，如图 9-59 所示。

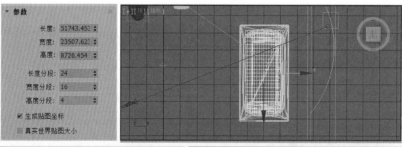

图 9-59

3 添加【噪波】修改器，设置【粗糙度】和【强度】的数值，然后勾选【动画噪波】项，调整【频率】的数值为 0.1，如图 9-60 所示。

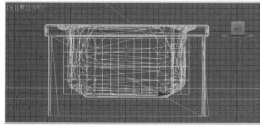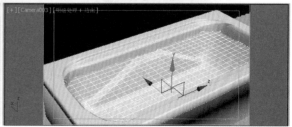

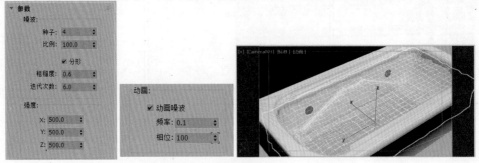

图 9-60

4 打开材质编辑器，拖曳材质球"瓷"到对象"浴缸"上，应用该材质。

5 选择一个空白材质球，命名为"水"，单击材质类型按钮 Standard ，打开材质 / 贴图浏览器，双击材质 Autodesk 组中的【Autodesk 水】项，应用该材质，如图 9-61 所示。

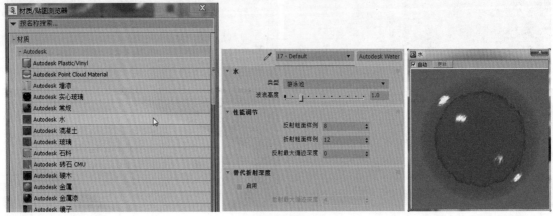

图 9-61

6 从【类型】栏中选择【常规河流 / 河】，从【颜色】栏中选择【自定义】项，单击颜色条，调整颜色值，如图 9-62 所示。

图 9-62

7 拖曳材质球"水"到对象"水"上，应用该材质。因为渲染水材质比较消耗时间，所以我们可以通过渲染部分区域来查看效果。单击【渲染帧】按钮 ，打开渲染视图，单击按钮 ，设置渲染的区域，如图 9-63 所示。

8 根据需要可以调整材质参数，通过渲染部分区域，可以很快地多次查看和修改，直到满意为止。

9 选择菜单【渲染】|【渲染设置】命令，设置渲染的长度、尺寸以及文件存储的位置，如图 9-64 所示。

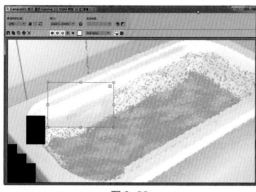

图 9-63   图 9-64

10 确定要渲染的视图为摄像机视图 Camera003，单击右下角的【渲染】按钮 ，开始渲染。

11 选择菜单【渲染】|【比较 RAM 播放器中的媒体】命令，弹出 RAM 播放器，单击【打开通道】按钮 ，选择刚刚渲染输出的图像序列，接受默认的播放配置。单击播放按钮 ，查看渲染输出的动画效果，如图 9-65 所示。

图 9-65

12 在场景中选择对象"马桶"，添加【UVW 贴图】修改器，设置参数，如图 9-66 所示。

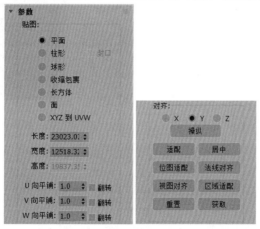

图 9-66

13 调整 Gizmo 的角度，如图 9-67 所示。

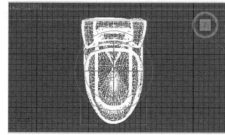
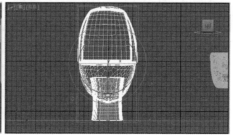

图 9-67

14 添加【涡轮平滑】修改器，接受默认值即可，对模型进行细化和平滑。

15 在场景中选择对象"小池"，添加【UVW 贴图】修改器，设置参数，如图 9-68 所示。

16 查看 Gizmo 的位置和角度，如图 9-69 所示。

17 在材质编辑器中选择材质球"洗手瓷"，单击按钮返回材质的顶级，拖曳材质 1"瓷盆 (Blend)"到一个空白材质球上，进行复制，重命名为"马桶瓷"。

18 单击遮罩贴图格，更换贴图文件为"Flourish_11_####"，然后将该材质应用到对象"马桶"，查看透视图中花纹的效果，如图 9-70 所示。

图 9-68

图 9-69

图 9-70

19 调整花纹贴图的坐标以及时间参数，如图 9-71 所示。

20 拖曳该材质球到对象"小池"上，应用该材质。查看透视图中花纹贴图的效果，如图 9-72 所示。

图 9-71

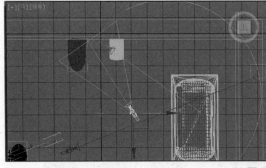

图 9-72

21 创建一个 24mm 的摄像机，在顶视图和前视图中调整摄像机的位置和角度，如图 9-73 所示。

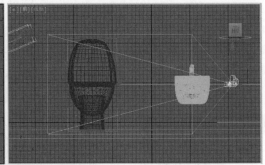

图 9-73

22 渲染摄像机视图，查看赋予材质后的效果，如图 9-74 所示。

23 分别在 0 帧和 40 帧设置摄像机的位置帧，创建拉镜头的动画，如图 9-75 所示。

24 拖曳当前时间指针，查看摄像机视图中动态花纹与拉镜头的效果，如图 9-76 所示。

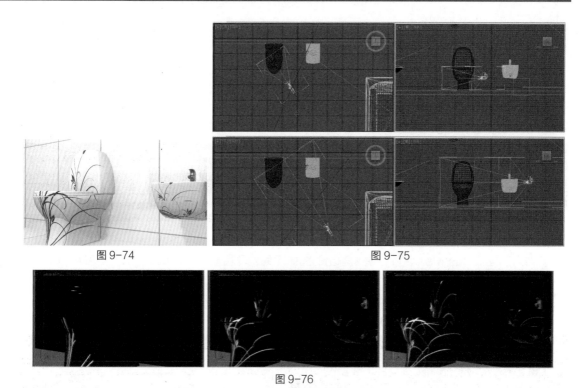

图 9-74   图 9-75

图 9-76

25 选择菜单【渲染】|【渲染设置】命令，设置渲染的长度、尺寸以及文件存储的位置，如图 9-77 所示。

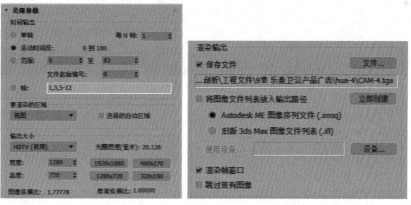

图 9-77

26 确定要渲染的视图为摄像机视图 Camera004，单击右下角的【渲染】按钮，开始渲染。

27 选择菜单【渲染】|【RAM 播放器】命令，弹出 RAM 播放器，单击【打开通道】按钮，选择刚刚渲染输出的图像序列，接受默认的播放配置。单击播放按钮，查看渲染输出的动画效果，如图 9-78 所示。

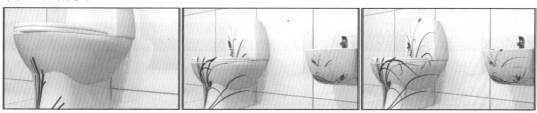

图 9-78

1 打开 After Effects CC 2017 软件，新建合成，选择预设"HDV/HDTV 720 25"，时间长度为 30 秒。

2 导入一段音乐素材并拖曳到时间线上，展开音频波形，如图 9-79 所示。

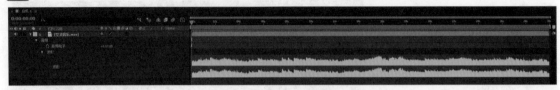

图 9-79

3 导入前面在 3ds Max 软件中渲染输出的图像序列到项目窗口中。拖曳素材"CAM-[10000-10100]"到时间线上，作为第 1 个镜头。

4 选择菜单【图层】|【时间】|【启用时间重映射】命令，然后在时间线上调整关键帧，从而调整该片段的速度，如图 9-80 所示。

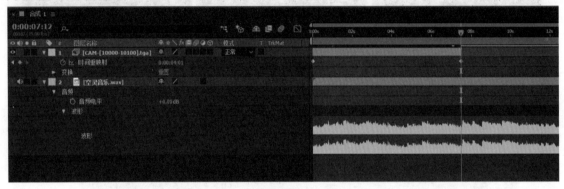

图 9-80

5 拖曳素材"CAM-[40000-10100]"到时间线上，作为第 2 个镜头，与第 1 个片段的末端相连，入点为 7 秒 13 帧。

6 选择菜单【图层】|【时间】|【启用时间重映射】命令，然后在时间线上调整关键帧，从而调整该素材的速度，如图 9-81 所示。

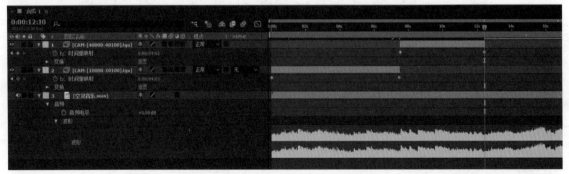

图 9-81

7 拖曳素材"CAM-[30000-10100]"到时间线上，作为第 3 个镜头，与第 2 个片段的末端相连，入点为 12 秒 11 帧。

8 选择菜单【图层】|【时间】|【启用时间重映射】命令，然后在时间线上调整关键帧，从而调整该素材的速度，如图 9-82 所示。

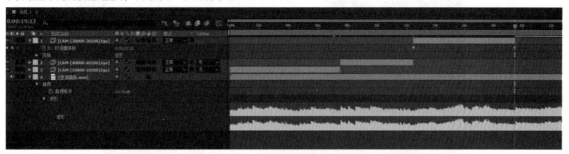

图 9-82

9 拖曳素材 "CAM-[20000-10100]" 到时间线上，作为第 4 个镜头，与第 3 个片段的末端相连，入点为 19 秒 13 帧。

10 选择菜单【图层】|【时间】|【启用时间重映射】命令，然后在时间线上调整关键帧，从而调整该素材的速度，如图 9-83 所示。

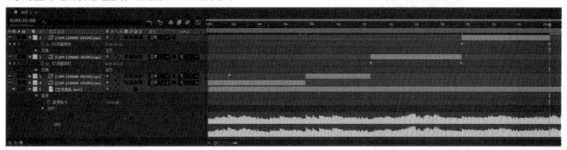

图 9-83

11 导入一段花纹素材 "Flourish_12.mov"，设置图层的出点为 7 秒 02 帧。

12 拖曳到时间线上，放置于 "CAM-[30000-10100]" 的上一层，起点与该素材的起点对齐。

13 选择菜单【图层】|【时间】|【启用时间重映射】命令，调整花纹素材起点和终点处的【时间重映射】数值分别为 0 和 5 秒 02 针。

14 从项目窗口中拖曳花纹素材 "Flourish_12.mov" 到时间线上，激活 3D 属性，调整大小、位置和角度，如图 9-84 所示。

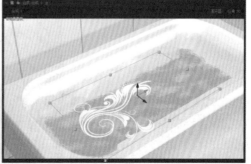

图 9-84

15 为图层添加【色光】滤镜，为【输出循环】选择预设【渐变蓝色】，如图 9-85 所示。

16 双击顶部的蓝色小三角，弹出颜色设置对话框，调整颜色值为 (R:0，G:145，B:251)，如图 9-86 所示。

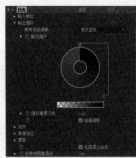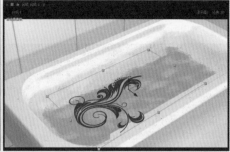

图 9-85

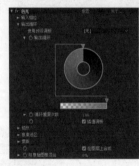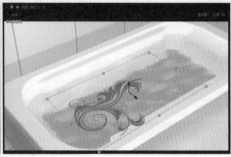

图 9-86

17 设置图层的混合模式为【经典颜色减淡】，查看合成预览效果，如图 9-87 所示。

图 9-87

18 新建一个合成，命名为"定版"，选择预设"HDV/HDTV 720 25"，时间长度为 5 秒。

19 新建一个黑色图层，命名为"立体名称"，添加 Video Copilot 组中的 Element 滤镜，在滤镜控制面板中单击 Scene Setup 按钮，打开场景设置面板，如图 9-88 所示。

图 9-88

20 单击【导入】按钮，导入立体文字模型文件"Name.obj"，查看预览效果，如图 9-89 所示。

图 9-89

21 在材质库中选择合适的材质应用到立体字上，在右下角的【编辑】栏中调整【基本设置】组中的【漫反射】数值为 1.4，查看效果，如图 9-90 所示。

图 9-90

22 单击【确定】按钮，关闭场景设置面板，立体文字就出现在了合成视图中。

23 激活图层"立体名称"的 3D 属性 ，新建一台 24mm 的摄像机，选择摄像机工具调整视图，如图 9-91 所示。

24 新建一个白色图层，命名为"墙面"，放置于底层，添加【网格】滤镜，设置参数，如图 9-92 所示。

25 激活该图层的 3D 属性 ，创建一个聚光灯，设置参数，如图 9-93 所示。

图 9-91　　　　　　　　　　图 9-92　　　　　　　　　　图 9-93

26 在左视图中调整"墙面""立体名称"、灯光以及摄像机的位置关系，如图 9-94 所示。

27 在时间线面板中展开图层"立体名称"的材质属性，激活【投影】选项，查看摄像机视图中的预览效果，如图 9-95 所示。

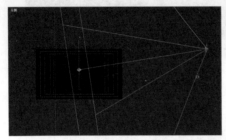
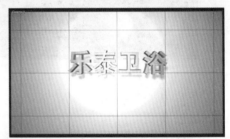

图 9-94　　　　　　　　　　　　图 9-95

28 选择文本工具 T，输入文字"感受艺术 写意经典"，设置字体、字号和颜色等属性，如图 9-96 所示。

图 9-96

29 为文字图层添加【投影】滤镜，设置参数，如图 9-97 所示。

图 9-97

30 激活"合成 1"的时间线窗口，从项目窗口中拖曳合成"定版"到时间线上，放置于顶层，设置该片段的入点为 25 秒。

31 添加【曲线】滤镜，调整 RGB 和红色通道的曲线，如图 9-98 所示。

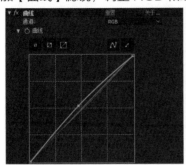

图 9-98

32 为了尽量与前一个镜头的颜色和亮度接近，我们有必要调整一下合成"定版"中的灯光参数及位置。激活合成"定版"，在时间线中双击【灯光 1】，设置【锥形角度】为 120，然后在左视图中拉远灯光，如图 9-99 所示。

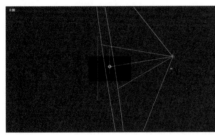

图 9-99

33 返回"合成 1"的时间线窗口，选择图层"定版"，添加【百叶窗】转场特效，设置【过渡完成】的关键帧，25 秒时数值为 0，26 秒 08 帧时数值为 100，拖曳时间线指针，查看转场效果，如图 9-100 所示。

34 新建一个调整层，放置于顶层，添加【曲线】滤镜，调整亮度和对比度，如图 9-101 所示。

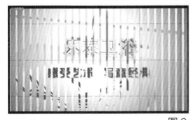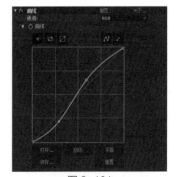

图 9-100 图 9-101

35 至此整个广告片制作完成，保存工程。单击播放按钮 ▶，查看影片的预览效果，如图 9-102 所示。

图 9–102

第 10 章

白酒广告

　　白酒类的电视广告有其十分独特的表现，大多数会把包装和液体作为表现的对象，无疑为实拍增加了难度和成本，因为玻璃或瓷瓶在拍摄时对布光要求很严格，而酒液的流动感需要高速摄影才能展示透澈和舒缓的感觉。作为一种替代技巧，我们会经常运用三维软件来制作玻璃和液体，不仅需要模拟实拍时灯光和环境的布置，对材质参数的设置更是重中之重。为了模拟更真实的流体，我们会使用三维软件的粘稠粒子工具，另外使用 RealFlow 才是最理想的手段。下面就通过一个白酒广告片的制作来详解这些技巧。

10.1 创意与故事板

　　酒，特别是白酒，是国人生活和工作中不可缺少的产品，也是我国历史文化的一种凝聚。对于酒广告的创作，大多数产品还是遵循了一定的思路和风格，如通过文化视角展现产品，或者为产品塑造浓郁的文化色彩，以提升酒产品的形象。

　　在本片中所展现的广告内容有酒产品包装、酒滴液体和酒的口味等内容。如开始时的水滴滴落在酒瓶上，泛起无数酒滴，随后瓶口向下，流动出白酒液体，然后定版浓缩为酒产品的包装。此外，通过字幕的配合，如"滴滴香醇""品质典藏"烘托产品的味道与历史。

　　本广告片的故事板如图 10-1 所示。

图 10-1

　　本广告片是一种典型的白酒产品广告的制作手法，值得大家借鉴。

10.2 三维特技制作

技术要点

　　在 3ds Max 中应用 PF 粒子和水滴网格组合创建流水和喷溅的效果，应用 RealFlow 2012 制作真实的液体喷溅动画。

10.2.1 沿瓶颈滴落的水珠

图 10-2

1 打开 3ds Max 2017 软件，绘制样条线，创建酒瓶的轮廓线，如图 10-2 所示。

2 添加【车削】修改器，创建瓶子模型，如图 10-3 所示。

3 选择瓶颈部分的面，复制成单独的面片，作为颈部的商标，如图 10-4 所示。

图 10-3

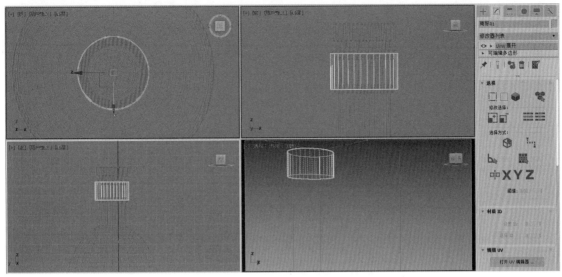

图 10-4

4 采用上面的方法，制作瓶身部位的商标面片，如图 10-5 所示。

5 调整商标面片的位置，如图 10-6 所示。

6 创建一台摄像机，调整摄像机的位置和角度，如图 10-7 所示。

7 创建一个聚光灯，如图 10-8 所示。

8 创建一个泛光灯，如图 10-9 所示。

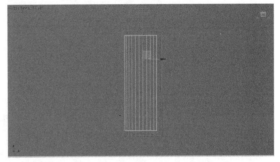

图 10-5

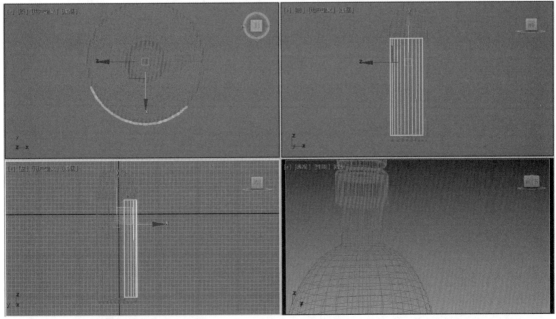

图 10-6

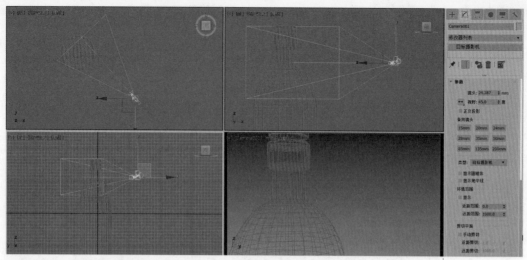

图 10-7

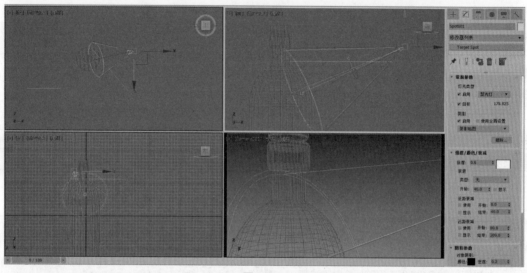

图 10-8

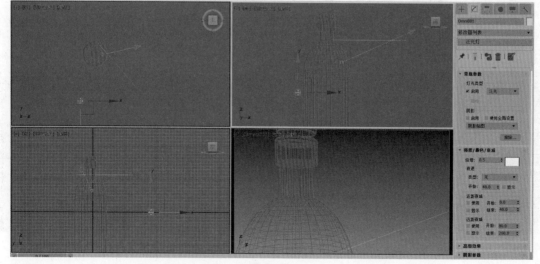

图 10-9

9　单击按钮打开材质编辑器，设置瓶子的材质，如图 10-10 所示。

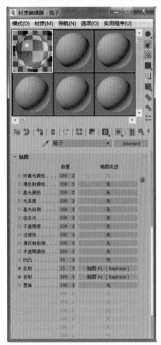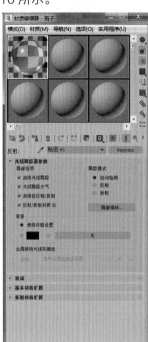

图 10-10

10　设置"商标 01"的材质，如图 10-11 所示。

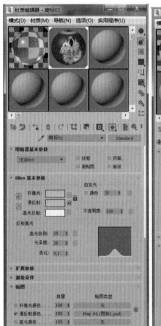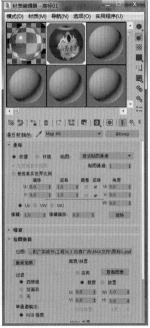

图 10-11

11　设置"商标 02"的材质，如图 10-12 所示。

12　选择菜单【渲染】|【环境】命令，设置【环境贴图】，如图 10-13 所示。

13　在瓶颈部位创建一个圆环，如图 10-14 所示。

14　创建 PF 粒子，如图 10-15 所示。

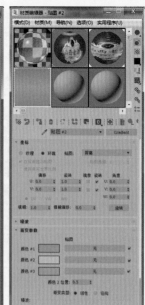

图 10-12　　　　　　　　　　　图 10-13

图 10-14

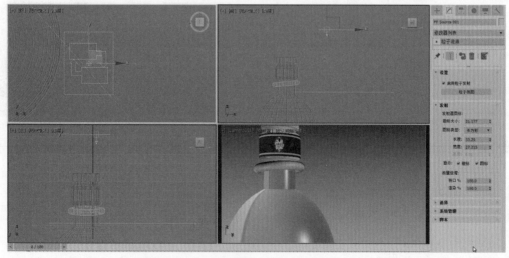

图 10-15

15 单击【粒子视图】按钮，打开粒子视图，删除速度和旋转属性，设置出生属性的参数，如图 10-16 所示。

16 设置位置对象为圆环，如图 10-17 所示。

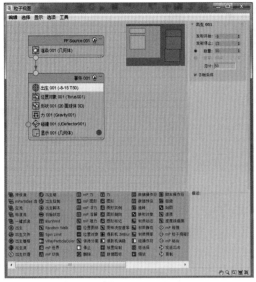

图 10-16

图 10-17

17 设置粒子形状参数，如图 10-18 所示。

18 创建一个重力，如图 10-19 所示。

19 在粒子视图中添加力属性，拾取重力 01，如图 10-20 所示。

20 创建全导向器，拾取瓶子，如图 10-21 所示。

图 10-18

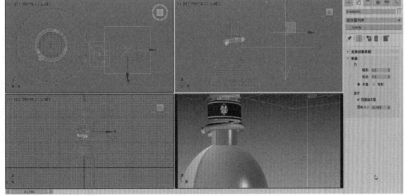

图 10-19

图 10-20

图 10-21

21 在粒子视图中添加碰撞属性，拾取导向板，如图 10-22 所示。

22 调整显示属性的参数，如图 10-23 所示。

23 调整出生属性的参数，如图 10-24 所示。

24 拖曳时间线，查看粒子的动画效果，如图 10-25 所示。

图 10-22

图 10-23

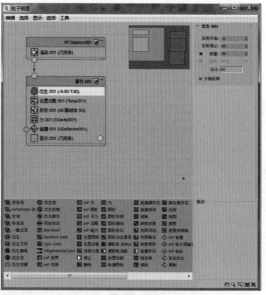

图 10-24

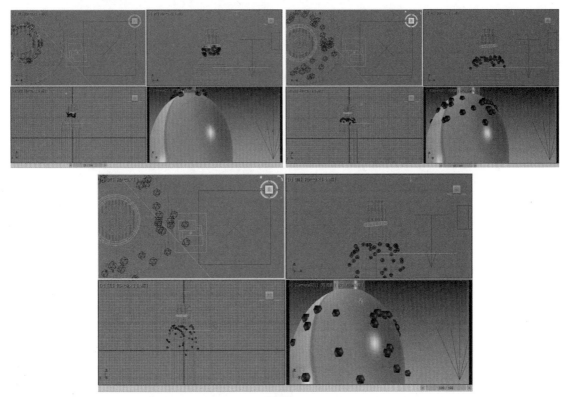

图 10-25

25 复制粒子事件 01，自动命名为事件 02，调整出生属性的参数，如图 10-26 所示。

26 调整发射器参数，如图 10-27 所示。

图 10-26　　　　　　　　　　　　　　　　　　图 10-27

27 调整形状属性的参数，如图 10-28 所示。

28 调整力属性的参数，如图 10-29 所示。

29 调整碰撞属性的参数，如图 10-30 所示。

30 拖曳时间线，查看粒子动画效果，如图 10-31 所示。

图 10-28

图 10-29

31 调整事件 01 的粒子显示颜色，如图 10-32 所示。

图 10-30

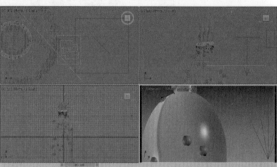

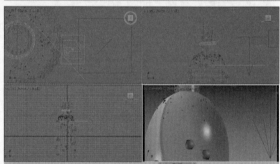

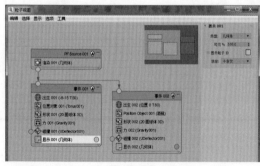

图 10-32

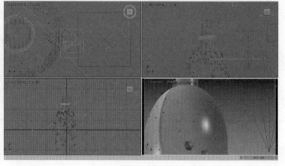

图 10-31

32 拖曳时间线，查看粒子的动画效果，如图 10-33 所示。

33 创建水滴网格，拾取粒子流，如图 10-34 所示。

34 隐藏粒子，为水滴网格添加【涡轮平滑】修改器。查看液体动画效果，如图 10-35 所示。

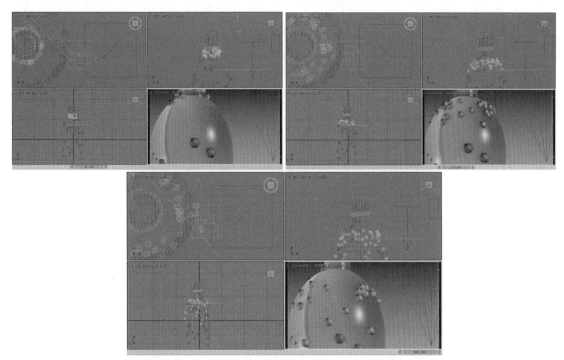

图 10-33

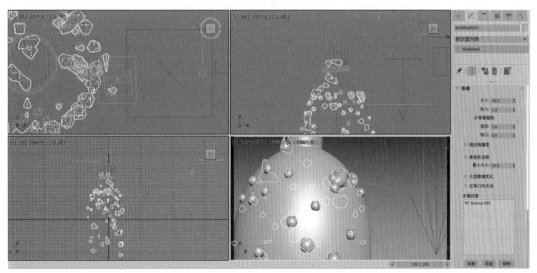

图 10-34

图 10-35

35 创建水珠的材质，如图 10-36 所示。

36 在瓶子的上方创建一个反光板，如图 10-37 所示。

37 设置反光板的材质，如图 10-38 所示。

38 打开渲染设置面板，如图 10-39 所示。

图 10-36

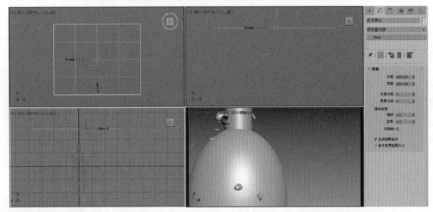

图 10-37

图 10-38　　　　　　　　　　　图 10-39

39 单击播放按钮 ⏵，查看最终效果，如图 10-40 所示。

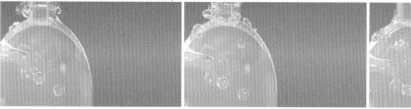

图 10-40

10.2.2　液体中的泡泡

1 新建一个场景，导入瓶子和商标模型，同时也导入了材质。

2 调整反光板、灯光和摄像机的分布，如图 10-41 所示。

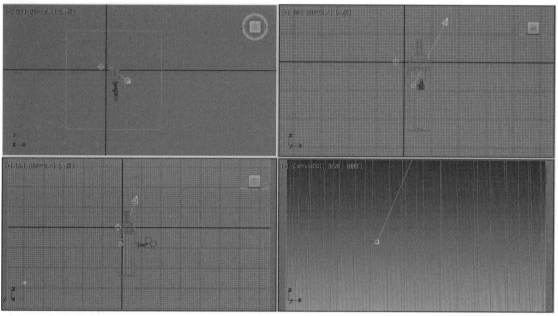

图 10-41

3 在液体内部创建一个球体，命名为"大泡泡"，添加【FFD4×4×4】修改器，调整控制点改变球体的形状，如图 10-42 所示。

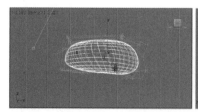
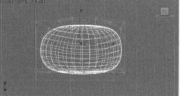

图 10-42

4 创建泡泡由下向上漂浮的动画，拖曳当前时间指针，查看摄像机视图中泡泡的动画效果，如图 10-43 所示。

5 单击 按钮，打开曲线编辑器，右击缩放属性，添加【噪波】控制器，使得泡泡上升过程中有不规则的变形动画，如图 10-44 所示。

图 10-43

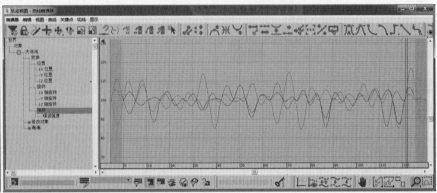

图 10-44

6 右击【缩放】选项，从弹出的快捷菜单中选择【属性】命令，设置【噪波控制器】的参数，如图 10-45 所示。

7 单击【噪波强度】，设置数值为 0.45。

8 拖曳当前时间指针，在摄像机视图中可以明显地看到泡泡的变形动画，如图 10-46 所示。

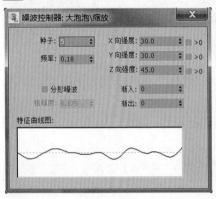

图 10-45　　　　　　　　　　　　　图 10-46

9 复制泡泡两次，分别重命名为"小泡 01"和"小泡 02"，调整到比较小的状态，而且略有不同，调整两个小泡到不同的位置，如图 10-47 所示。

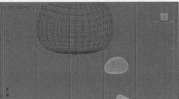

图 10-47

10 调整两个小泡的位置关键帧，改变上升的速度，使三个泡泡错落有致，拖曳当前时间指针，查看动画效果,如图 10-48 所示。

图 10-48

⑪ 设置泡泡的材质。打开材质编辑器,选择一个空白材质球,命名为"泡泡",选择明暗器类型,设置漫反射颜色以及高光等参数,如图 10-49 所示。

⑫ 展开【扩展参数】卷展栏,设置参数,如图 10-50 所示。

⑬ 展开【贴图】卷展栏,为折射添加光线跟踪贴图,接受默认设置,这样材质球就变成了透明状态,如图 10-51 所示。

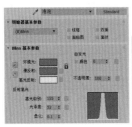

图 10-49

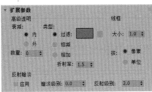

图 10-50

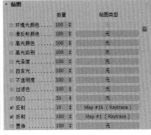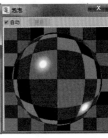

图 10-51

⑭ 拖曳光线跟踪贴图到反射贴图空格上,设置反射强度为 10。单击光线跟踪贴图,添加反射贴图"室内 03.jpg",单击【查看图像】按钮,对图像进行裁剪,如图 10-52 所示。

⑮ 设置【模糊偏移】值,如图 10-53 所示。

图 10-52

图 10-53

⑯ 拖曳材质球"泡泡"分别到三个泡泡上,应用该材质。

⑰ 设置反光板材质,设置颜色以及自发光等参数,如图 10-54 所示。

⑱ 为漫反射添加一张室内贴图,并进行裁剪,如图 10-55 所示。

⑲ 选择材质贴图"背景",调整渐变贴图的颜色,如图 10-56 所示。

⑳ 激活摄像机视图,单击 🖼 按钮,渲染单帧,查看应用材质后泡泡的效果,如图 10-57 所示。

㉑ 选择菜单【渲染】|【渲染设置】命令,打开渲染设置面板,设置渲染的时间长度、输出图像的尺寸,如图 10-58 所示。

图 10-54

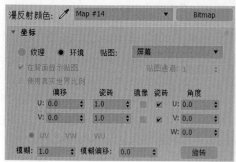

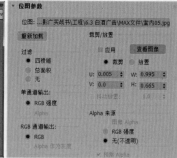

图 10-55

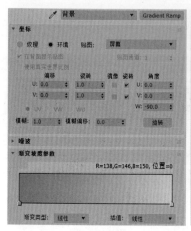

图 10-56   图 10-57

22 在渲染输出栏中勾选【保存文件】复选框，设置输出文件的名称、格式以及存储的位置，如图 10-59 所示。

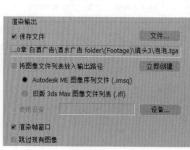

图 10-58   图 10-59

23 确定要渲染的视图为摄像机视图，单击右下角的 ██ 按钮，开始渲染运算。

24 渲染完成后，选择菜单【渲染】|【比较 RAM 播放器中的媒体】命令，打开刚刚渲染输出的图像序列，查看泡泡的动画效果，如图 10-60 所示。

图 10-60

10.2.3　倾倒的液体

1️⃣　新建一个场景，导入瓶子模型，同时也导入了材质。

2️⃣　调整摄像机镜头为 35mm，如图 10-61 所示。

3️⃣　调整摄像机、灯光和瓶子的位置和角度，如图 10-62 所示。

4️⃣　在瓶口位置创建一个小球，用来作为粒子的发射对象，如图 10-63 所示。

5️⃣　在左视图中创建一条样条线，用作粒子运动的路径，如图 10-64 所示。

6️⃣　单击【空间扭曲】按钮 ≋，单击【路径跟随】按钮，然后在视图中单击以创建路径跟随，如图 10-65 所示。

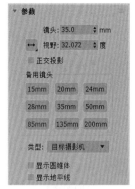

图 10-61

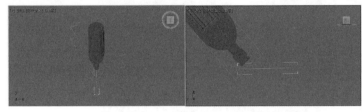

图 10-62

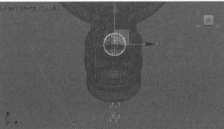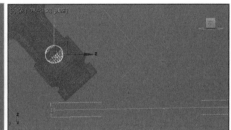

图 10-63

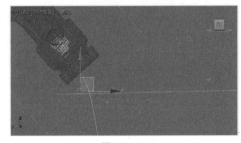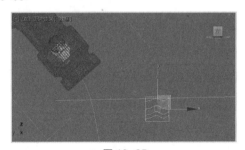

图 10-64　　　　　　　　　　　　图 10-65

7️⃣　在修改面板中单击【拾取图像对象】按钮，在视图中拾取样条线，并设置其他参数，如图 10-66 所示。

8️⃣　在创建粒子系统面板中单击【粒子云】按钮，然后在左视图中创建粒子云图标。因为我们的粒子是由小球发射的，所以粒子云的图标在什么位置并不重要。

9️⃣　在修改面板中勾选【基于对象的发射器】选项，单击【拾取对象】按钮，在场景中拾取小球，这样粒子将由该小球发射，如图 10-67 所示。

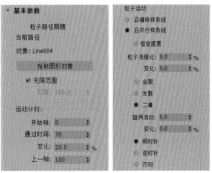

图 10-66

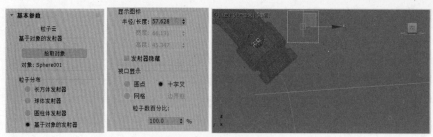

图 10-67

[10] 单击【绑定到空间扭曲】按钮，绑定粒子云与路径跟随，这样粒子就会沿着路径运动，如图 10-68 所示。

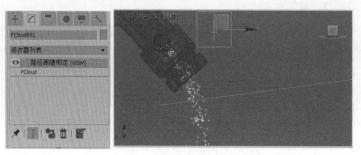

图 10-68

[11] 在【视口显示】选项组中选择【网格】，展开【粒子类型】卷展栏，选择【变形球粒子】选项，如图 10-69 所示。

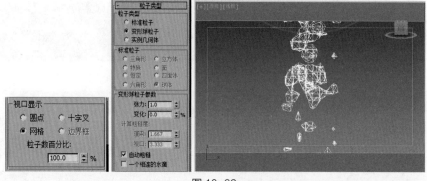

图 10-69

[12] 在【粒子生成】卷展栏中设置粒子的数量、发射时间等参数，如图 10-70 所示。

图 10-70

13 设置【视口显示】为【网格】项，拖曳当前时间指针，在透视图中查看粒子的动画效果，如图 10-71 所示。

图 10-71

14 设置摄像机第 0 ~ 100 帧之间的摇镜头动画，在左视图中调整摄像机的位置，创建关键帧，如图 10-72 所示。

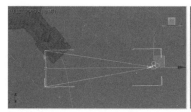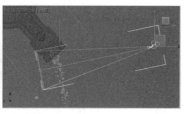

图 10-72

15 打开材质编辑器，选择一个空白材质球，命名为"水"，设置漫反射颜色值为 (R:120, G:120, B:120)，调整高光级别及光泽度等参数，如图 10-73 所示。

16 展开【贴图】卷展栏，为【折射】添加【光线跟踪】贴图，接受默认值，这时材质球变成透明，如图 10-74 所示。

17 拖曳光线跟踪贴图到反射贴图空格上，设置反射强度为 10。单击光线跟踪贴图，添加反射贴图"室内 05.jpg"，设置贴图的模糊偏移，如图 10-75 所示。

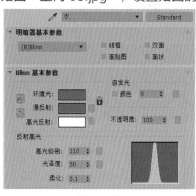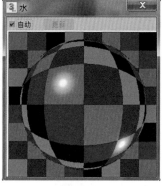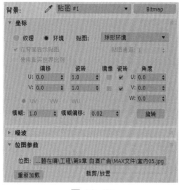

图 10-73　　　　　　　　　　　图 10-74　　　　　　　　　　　图 10-75

18 展开底部的【输出】卷展栏，设置【输出量】为 0.8，并调整曲线，降低反射贴图的亮度，如图 10-76 所示。

19 激活摄像机视图，单击按钮，渲染场景，查看应用材质后的玻璃和水的效果，如图 10-77 所示。

20 看起来倾倒的液体太散乱，此时需要让粒子有点黏度。创建一个复合对象【水滴网格】，然后在修改面板中添加粒子云作为水滴对象，如图 10-78 所示。

21 单击按钮，激活【显示】选项卡，勾选【粒子系统】复选框，隐藏粒子云，如图 10-79 所示。

22 为水滴网格应用"水"材质，渲染摄像机视图，查看效果，如图 10-80 所示。

23 选择水滴网格，添加【涡轮平滑】修改器，接受默认值，细化模型。

24 拖曳当前时间指针，以线框模式查看摄像机视图中场景的动画效果，如图 10-81 所示。

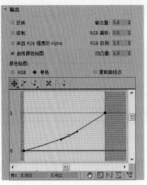

图 10-76　　　　　　　　　　　　　　　　图 10-77

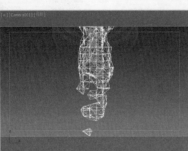

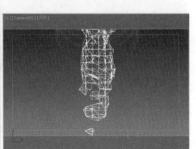

图 10-78　　　　　　　　　　　　　　　　图 10-79

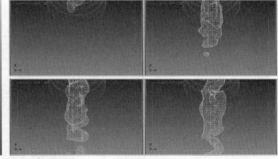

图 10-80　　　　　　　　　　　　　　　　图 10-81

25 选择菜单【渲染】|【渲染设置】命令，打开渲染设置面板，设置渲染的时间长度、输出图像的尺寸，如图 10-82 所示。

26 在【渲染输出】选项组中勾选【保存文件】复选框，设置输出文件的名称、格式以及存储的位置，如图 10-83 所示。

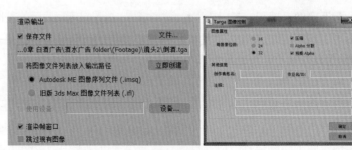

图 10-82　　　　　　　　　　　　　　　　图 10-83

27 确定要渲染的视图为摄像机视图，单击右下角的 ▦ 按钮，开始渲染运算。

28 渲染完成后，选择菜单【渲染】|【比较 RAM 播放器中的媒体】命令，打开刚刚渲染输出的图像序列，查看倒酒的动画效果，如图 10-84 所示。

10.2.4 喷溅的水花

1 新建一个场景，导入瓶子模型，同时也导入了材质。

2 新建一个酒杯模型，在顶视

图 10-84

图中绘制一个八边形，作为酒杯底部的截面。添加【编辑样条线】修改器，选择【样条线】，创建轮廓，如图 10-85 所示。

3 复制该八边形，缩小内层的多边形，一直到几乎为一个点，如图 10-86 所示。

4 绘制一个圆形，作为酒杯口的截面。添加【编辑样条线】修改器，选择【样条线】模式，创建轮廓形成圆环，如图 10-87 所示。

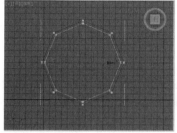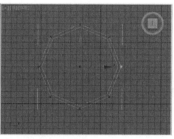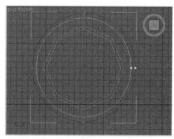

图 10-85　　　　　　　　　　图 10-86　　　　　　　　　　图 10-87

5 选择【分段】模式，选择其中一段曲线，单击【拆分】按钮，一分为二，如图 10-88 所示。

6 采用相同的方法，将圆均分为八段，与前面的八边形定点对应，如图 10-89 所示。

7 复制该圆环，选择【样条线】模式，分别调整内外圆形的大小，变成稍细一些的圆环，如图 10-90 所示。

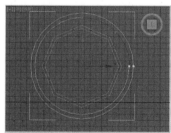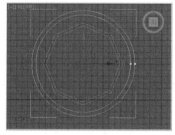

图 10-88　　　　　　　　　　图 10-89　　　　　　　　　　图 10-90

8 在前视图中绘制一条直线，作为酒杯的高度。参照真实酒杯的形状，调整高度、杯口和杯底形状的线条，如图 10-91 所示。

9 选择作为高度的线条，创建复合对象【放样】，在路径的不同高度拾取相应的图形作为横截面，如图 10-92 所示。

10 在放样对象的修改面板中勾选【蒙皮】选项，查看酒杯模型的线框效果，如图 10-93 所示。

图 10-91

 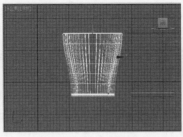 

图 10-92 图 10-93

11 在【变形】卷展栏中单击【缩放】按钮，打开【缩放变形】控制面板，添加控制点，创建酒杯底部的倒角，如图 10-94 所示。

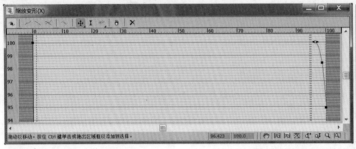 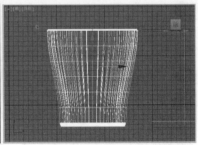

图 10-94

12 调整酒杯的位置和大小，与酒瓶摆好在恰当的位置，如图 10-95 所示。

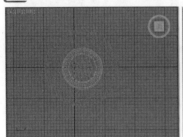  

图 10-95

13 打开材质编辑器，设置瓶子的材质。选择【半透明】明暗器，设置半透明颜色值为 (R:30，G:30，B:30)，调整高光级别和光泽度等参数，如图 10-96 所示。

14 取消反射贴图，因为后面会有太多的粒子，去掉反射效果可以节省很多渲染的时间。

15 复制材质球"瓶子"到一个空白材质球上，重命名为"杯子"，调整半透明颜色值为 (R:17，G:18，B:20)，调整其他参数，如图 10-97 所示。

16 拖曳该材质球到"杯子"上，应用该材质。

17 选择主菜单中的【渲染】|【环境】命令，添加一个渐变贴图，设置渐变贴图的参数，如图 10-98 所示。

18 选择菜单【渲染】|【渲染设置】命令，在弹出的【渲染设置】面板中指定渲染器为 NVIDIA mental ray。

19 创建 20mm 的摄像机，调整位置，获得需要的构图，如图 10-99 所示。

20 创建两个聚光灯，调整位置和角度，如图 10-100 所示。

21 激活摄像机视图，单击按钮 进行渲染，查看玻璃瓶子和杯子的效果，如图 10-101 所示。

22 绘制一条样条线，命名为 cup02，和刚才的酒杯大小相近，如图 10-102 所示。

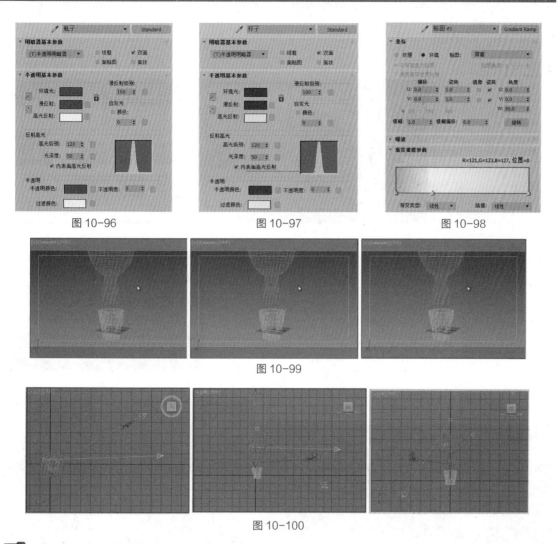

图 10-96　　　　　　　　　　　　图 10-97　　　　　　　　　　　　图 10-98

图 10-99

图 10-100

23　添加【车削】修改器，设置参数，不必设置过高的精细度，方便后面导入 RealFlow 中进行运算，如图 10-103 所示。

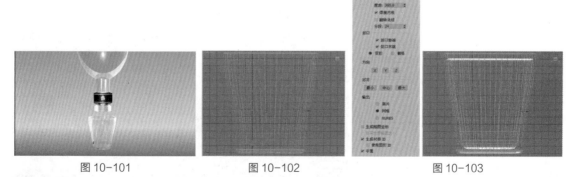

图 10-101　　　　　　　　　　　　图 10-102　　　　　　　　　　　　图 10-103

24　创建一个比较大面积的盒子放置于酒杯的底下，作为阻挡液体喷溅的地面。

25　选择 cup02 和 Box001，单击 SD File Export Settings 按钮 ，在弹出的对话框中设置参数，然后单击 SD File Export 按钮 ，输出 SD 文件，如图 10-104 所示。

26　打开软件 RealFlow 欢迎界面之后，弹出项目管理对话框，输入项目的名称和位置，如图 10-105 所示。

图 10-104 图 10-105

[27] 选择菜单 Import |Object 命令，选择刚刚在 3ds Max
中导出的文件"cup.sd"，然后设置cup02的Scale值为0.1，
如图 10-106 所示。

[28] 单击视图左上角的图标■，从下拉菜单中选择 Quad
View 命令，切换为四视图模式，在三个正交视图中方便调
整杯子的位置，如图 10-107 所示。

图 10-106

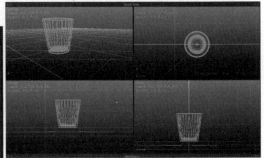

图 10-107

[29] 在 Front 视图中右击，从弹出的快捷菜单中选择 Add| Dyverso|Circle 命令，创建一个圆形
粒子发射器，如图 10-108 所示。

[30] 调整发射器的大小和位置，如
图 10-109 所示。

[31] 切换为透视图单视图显示，单
击底部的 Simulate 按钮，模拟粒子
的运算，查看粒子的动画效果，如
图 10-110 所示。

[32] 拖曳当前时间指针到第 70 帧，
在右侧的 Speed 数值栏中右击，从
弹出的快捷菜单中选择 Add Key 命
令，添加关键帧，拖曳当前时间指针
到 80 帧，调整数值为 0，再次添加

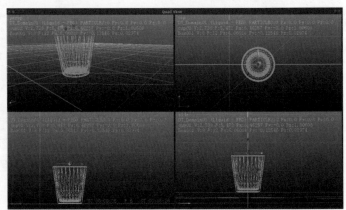

图 10-108

关键帧，这样就设置了粒子从发射到停止发射的关键帧。

图 10-109

图 10-110

33 在右侧的 Node 面板中的 Speed 属性上右击，从弹出的快捷菜单中选择 Edit Curves 命令，打开曲线面板，如图 10-111 所示。

34 拖曳当前指针到第 100 帧，可以查看粒子停止发射之后的状态，如图 10-112 所示。

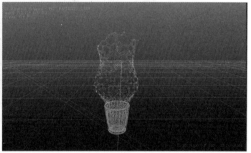

图 10-111　　　　　　　　　　　图 10-112

35 选择粒子 DY_Domain01，在右侧的节点参数设置面板中设置 Particles 选项组中的参数，比如 Resolution（精度）、Density（密度）以及 Viscosity（黏度）等，具体设置如图 10-113 所示。

图 10-113

36 在场景中单击选择模型 cup02，在右侧的节点参数设置面板中，设置 Dyverso-Particles Collison 和 Dyverso-Particles Interaction 选项组中的参数，例如 DY Collision distance（碰撞距离）、DY Bounce（弹力）以及 DY Sticky（黏性）等，具体设置如图 10-114 所示。

图 10-114

37 在场景中单击选择地板长方体，在右侧的数据设置面板中，设置 Dyverso-Particles Collision 和 Dyverso-Particles Interaction 选项组中的参数，具体设置如图 10-115 所示。

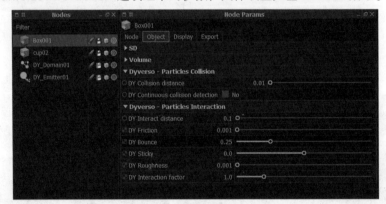

图 10-115

38 单击底部的 Simulate 按钮，重新模拟计算粒子的动画效果，如图 10-116 所示。

图 10-116

39 在透视图中右击，从弹出的快捷菜单中选择 Add|Daemon|Gravity 命令，添加重力场，设置 Strength 数值为 1，根据需要调整杯子的属性，使喷射的粒子能够下落到地板上，如图 10-117 所示。

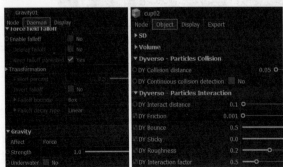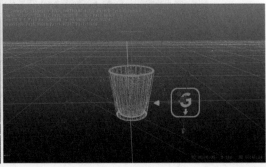

图 10-117

40 在透视图中右击，从弹出的快捷菜单中选择 Add|Daemon|k Age 命令，使喷射的粒子按照年龄消失，如图 10-118 所示。

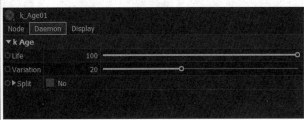

图 10-118

41 在透视图中右击，从弹出的快捷菜单中选择 Add|Dyverso|Circle 命令，再创建一个圆形发射器，调整位置到 Cup 的底部，在关联编辑器中调整节点链接，如图 10-119 所示。

图 10-119

42 设置该粒子的 Speed 关键帧，打开曲线编辑器，调整速度曲线，如图 10-120 所示。

43 在右侧的节点参数设置面板中设置 Particles 选项组中的参数，比如 Resolution（精度）、Density（密度）以及 Viscosity（黏度）等，具体设置如图 10-121 所示。

44 在右侧的 Relationship Editor 面板中添加 Gravity 02，设置 Strength 数值为 2.5，链接到 DY_Domain02 上，这样两个粒子发射器分别受重力影响，如图 10-122 所示。

图 10-120

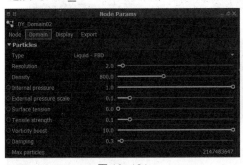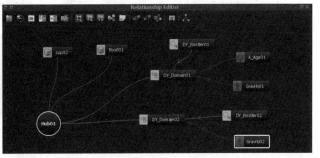

图 10-121　　　　　　　　　　　　　　图 10-122

45 设置第二个粒子显示颜色为绿色，单击底部的 Simulate 按钮，重新模拟计算粒子的动画效果，如图 10-123 所示。

图 10-123

46 在透视图中右击，从弹出的快捷菜单中选择 Add|Mesh|Particle mesh 命令，创建一个网格节点。

47 在 Relationship Editor 面板中链接节点 ParticleMesh01 到节点 DY_Domain01 和 DY_Domain01 上，这样我们先前创建的两个粒子发射器就可以产生网格，如图 10-124 所示。

48 单击 Build Mesh 按钮 █，可以查看粒子在当前时间形成网格的效果，如图 10-125 所示。

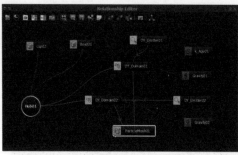
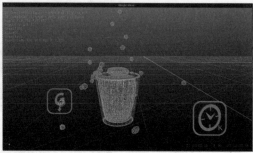

图 10-124   图 10-125

49 接下来调整网格的参数。在右侧的节点数据设置面板中设置 Mesh 选项组中的参数，比如类型、多边形尺寸以及光滑度等，具体设置如图 10-126 所示。

50 设置 Filters 选项组中的参数，比如松弛度和张力等，具体设置如图 10-127 所示。

51 设置 Optimize 选项组中的参数，具体设置如图 10-128 所示。

52 单击底部的 Simulate 按钮，重新模拟计算粒子的动画效果，如图 10-129 所示。

图 10-126   图 10-127

图 10-128

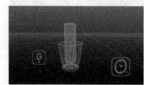

图 10-129

53 选择菜单Export|Export Central命令,打开输出中心对话框,单击File Name Options按钮,设置输出文件的名称,然后单击 Simulate 按钮开始运算, 如图 10-130 所示。

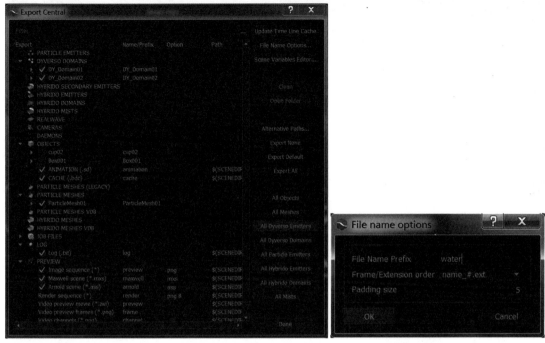

图 10-130

54 返回 3ds Max 2017, 打开场景文件"酒与酒杯", 隐藏替代的酒杯 cup02 和地板 Box001,单击 Create BIN Mesh Object 按钮,选择刚刚输出的流体网格,如图 10-131 所示。

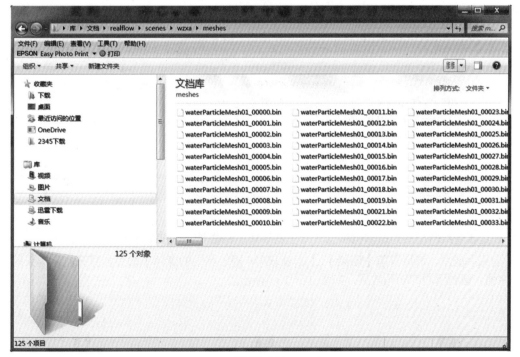

图 10-131

55 拖曳当前时间指针,查看液体在酒杯中的动画效果,如图 10-132 所示。

图 10-132

56 单击按钮 ▦ 打开材质编辑器，设置水的材质，设置漫反射颜色以及高光级别等参数，如图 10-133 所示。

57 展开【贴图】卷展栏，为折射添加【光线跟踪】贴图，接受默认值即可。激活摄像机视图，单击渲染按钮 ▧，渲染场景，查看效果，如图 10-134 所示。

58 选择菜单【渲染】|【渲染设置】命令，打开渲染设置面板，设置渲染的时间长度、输出图像的尺寸，如图 10-135 所示。

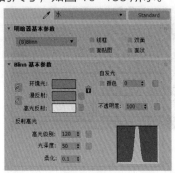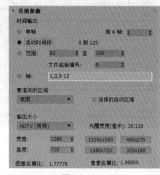

图 10-133 图 10-134 图 10-135

59 在【渲染输出】选项组中勾选【保存文件】复选框，设置输出文件的名称、格式以及存储的位置，如图 10-136 所示。

图 10-136

60 确定要渲染的视图为摄像机视图，单击右下角的 ▬▬ 按钮，开始渲染运算。

61 渲染完成后，选择菜单【渲染】|【比较 RAM 播放器中的媒体】命令，打开刚刚渲染输出的图像序列，查看倒酒的动画效果，如图 10-137 所示。

图 10-137

10.3 后期合成 🎬

1 打开 After Effects CC 2017 软件，新建一个合成，选择预设"HDV/HDTV PAL 720 25"，设置时间长度为 15 秒。

2 导入三维软件渲染输出的图像序列，在素材解释对话框中选择第二项【直接 – 无遮罩】，如图 10-138 所示。

3 新建一个固态层，命名为"背景 1"，添加【梯度渐变】滤镜，设置参数，如图 10-139 所示。

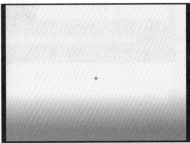

图 10-138   图 10-139

4 复制图层，重命名为"背景 2"，调整【梯度渐变】滤镜的参数，然后绘制一个矩形蒙版，与底层的背景完美衔接，如图 10-140 所示。

5 新建一个黑色图层，命名为"暗角"，绘制一个椭圆形蒙版，设置羽化值为 200，选择该图层的混合模式为【强光】，如图 10-141 所示。

6 从项目窗口中拖曳第一段素材"水珠掉落"到时间线上，放置于"暗角"的下一层。查看合成预览效果，如图 10-142 所示。

图 10-140

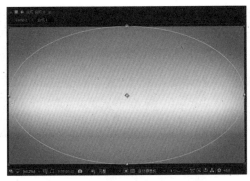

图 10-141   图 10-142

7 在时间线上双击该片段，打开图层视图，设置入点和出点，如图 10-143 所示。

8 从项目窗口中拖曳第二段素材"泡泡"到时间线上，放置于"水珠掉落"的上一层。双击该片段，打开图层视图，设置入点和出点，如图 10-144 所示。

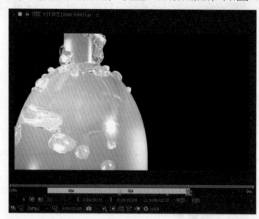

图 10-143 　　　　　　　　　　　　　　　　图 10-144

9 　添加第三段素材"倒酒"到时间线上，放置于"泡泡"的上一层。选择菜单【图层】|【时间】|【启用时间重映射】命令，调整第一个关键帧在 5 秒 16 帧，数值为 0:00:00:12，第二个关键帧在 9 秒 10 帧，数值为 0:00:02:00。

10 　按 T 键展开【不透明度】属性，设置【不透明度】的关键帧，9 秒时数值为 100，9 秒 10 帧时为 0。

11 　添加第四段素材"喷溅"到时间线上，放置于"倒酒"的上一层。选择菜单【图层】|【时间】|【启用时间重映射】命令，调整第一个关键帧在 9 秒，数值为 0:00:00:20，第二个关键帧在 12 秒，数值为 0:00:03:08。

12 　拖曳当前时间线指针到 10 秒，调整【时间重映射】的数值为 0:00:02:08，添加一个关键帧，这样这一片段就变成了先快后缓。

13 　按 T 键展开【不透明度】属性，设置【不透明度】的关键帧，9 秒时数值为 0，9 秒 10 帧时数值为 100，12 秒时数值为 100，12 秒 10 帧时为 0。

14 　导入一张瓶子的静帧到时间线上，放置于"喷溅"的上一层，起点在 12 秒，调整大小和位置，如图 10-145 所示。

15 　导入一段音乐素材，放置于底层。查看整个时间线上素材的分布情况，如图 10-146 所示。

图 10-145

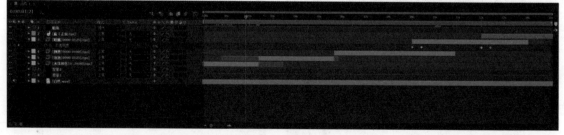

图 10-146

16 　接下来对素材的亮度和颜色进行调整，选择第一个片段，添加【色阶】滤镜，调高亮度，如图 10-147 所示。

17 　添加【径向阴影】滤镜，在前景瓶子与背景之间添加阴影，如图 10-148 所示。

18 　选择第二个片段"泡泡"，添加【色阶】滤镜，调高亮度，如图 10-149 所示。

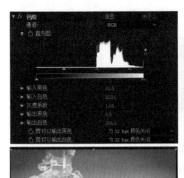
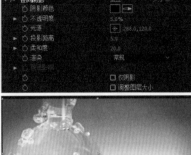
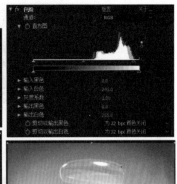

| 图 10-147 | 图 10-148 | 图 10-149 |

19 新建一个黑色图层，命名为"气泡"，放置于"泡泡"的上一层，设置入点和出点，使其与图层"泡泡"一样长度。

20 添加【泡沫】滤镜，创建慢慢上升的小泡泡，设置具体参数，如图 10-150 所示。

21 添加【色相/饱和度】滤镜，降低【主饱和度】为 –100，降低【主亮度】为 –40，消除小泡泡的颜色，设置该图层的混合模式为【相加】，查看合成预览效果，如图 10-151 所示。

22 选择第三个片段"倒酒"，添加【色阶】滤镜，调高亮度，如图 10-152 所示。

23 添加【径向阴影】滤镜，在前景与背景之间添加阴影，如图 10-153 所示。

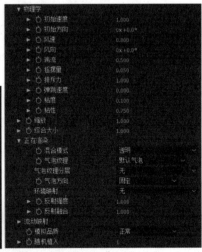

图 10-150

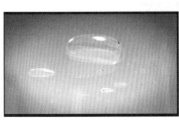
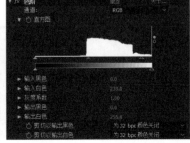
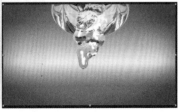

图 10-151　　　　　　　　　　图 10-152

图 10-153

24 选择第四个片段"喷溅"，添加【色阶】滤镜，降低亮度，然后添加【径向阴影】滤镜，在前景与背景之间添加阴影，如图 10-154 所示。

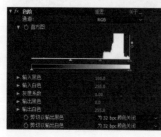

图 10-154

25 选择组后一个片段添加【色阶】滤镜，提高亮度，然后添加【径向阴影】滤镜，在前景与背景之间添加阴影，如图 10-155 所示。

图 10-155

26 在项目窗口中拖曳合成"合成1"到合成图标 📦 上，创建一个新的合成，自动命名为"合成 2"。在时间线上选择图层"合成1"，添加【钝化蒙版】滤镜进行锐化，设置具体参数，如图 10-156 所示。

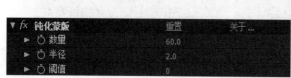

图 10-156

27 选择文本工具 🅣，输入文字"山西老酒"，设置字体、字号和颜色等参数，如图 10-157 所示。

图 10-157

28 设置文本图层的起点为 11 秒 10 帧。选择矩形工具 ■，包围文字绘制一个矩形蒙版，并添加【描边】滤镜，创建一个蓝色的勾边，如图 10-158 所示。

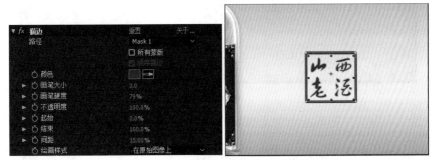

图 10-158

29 添加【毛边】滤镜，使勾边和文字的边缘粗糙化，如图 10-159 所示。

30 设置【边界】参数的关键帧，11 秒 10 帧时数值为 40，12 秒时为 2，创建文本渗出的动画，如图 10-160 所示。

31 添加【投影】滤镜，设置参数，如图 10-161 所示。

32 再创建两个文本层，同样应用【毛边】滤镜和【投影】滤镜，如图 10-162 所示。

图 10-159

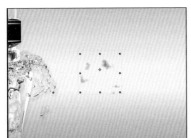
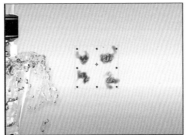

图 10-160

图 10-161

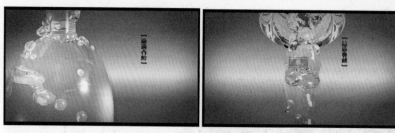

图 10-162

33 至此，整个广告制作完成，保存工程文件。单击播放按钮▶，查看影片的预览效果，如图 10-163 所示。

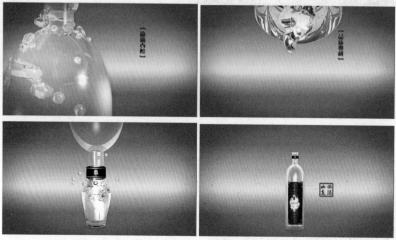

图 10-163